STEAM 教育创意编程系列

Scratch 3.0

少儿积木式编程

6~10 岁

陈梅 / 编著

人民邮电出版社

北　京

图书在版编目（CIP）数据

Scratch 3.0少儿积木式编程：6-10岁 / 陈梅编著
. -- 北京：人民邮电出版社，2020.1
（STEAM教育创意编程系列）
ISBN 978-7-115-52157-6

Ⅰ. ①S… Ⅱ. ①陈… Ⅲ. ①程序设计—少儿读物
Ⅳ. ①TP311.1-49

中国版本图书馆CIP数据核字(2019)第222126号

内 容 提 要

　　本书介绍了如何使用 Scratch 3.0 软件来编写有趣的小动画，小朋友能通过书中细致的步骤讲解掌握 Scratch 的编程方法以及程序设计的基本思想。本书分为 3 个部分，具体内容如下：第一部分包含第 1 章，带领小朋友和父母们认识 Scratch 3.0，讲解如何下载、安装 Scratch 3.0 离线编辑器和制作、保存作品；第二部分包含第 2~3 章，主要介绍 Scratch 3.0 离线编辑器的基本操作以及小动画的制作方法；第三部分包含第 4 章，为综合实践，将带领小朋友用 Scratch 制作一个完整的小动画。

　　本书适合初次接触编程的小朋友自学，也适合少儿编程培训机构作为教材。

◆ 编　　著　陈　梅
　　责任编辑　税梦玲
　　责任印制　焦志炜
◆ 人民邮电出版社出版发行　　北京市丰台区成寿寺路 11 号
　　邮编　100164　　电子邮件　315@ptpress.com.cn
　　网址　http://www.ptpress.com.cn
　　雅迪云印（天津）科技有限公司印刷
◆ 开本：787×1092　1/20
　　印张：7.8　　　　　　　　　　2020 年 1 月第 1 版
　　字数：146 千字　　　　　　　　2020 年 1 月天津第 1 次印刷

定价：45.00 元

读者服务热线：(010)81055256　印装质量热线：(010)81055316
反盗版热线：(010)81055315
广告经营许可证：京东工商广登字 20170147 号

亲爱的家长：

欢迎您和孩子来到 Scratch 神奇世界。也许您和孩子一样也是初次接触编程，对编程还不是很了解，那么就让我来为您介绍一下编程在未来世界的重要性和为什么要选这套书给您的孩子学习编程吧！

信息社会的发展离不开计算机和互联网。计算思维和互联网思维是未来人才必备的两种思维模式。要培养计算思维、学习计算机语言，最重要的方法之一就是学习编程。世界上许多国家（包括我国）已经逐渐将编程课程引入中小学课堂，将编程教育纳入课程体系。为什么各国都如此重视少儿编程能力的培养呢？

首先，少儿时期是最重要的启蒙期。在这个时期，孩子的身体和智力飞速发展，接受能力和学习能力最强。

其次，计算机语言和英语一样，是通向未来和世界的语言。要紧跟信息社会的发展，我们必须知道如何与计算机交流。

最后，也是最重要的一点，学习编程，可以提升孩子的逻辑思维能力、程序设计能力、问题分析与解决能力以及创新创造能力。

有些家长，尤其是从事信息技术工作的家长已经意识到编程对孩子的重要性，开始刻意训练孩子的编程思维。但有些家长认为，孩子以后又不一定要当程序员，不需要学习编程。其实，少儿学习编程不仅仅是学习一门新技能，更主要的是培养和训练一种思维模式。学会编程不是目的，提升孩子的综合素质才是最重要的。

基于这样的出发点，我们策划了"STEAM 教育创意编程系列"丛书。这套书与市面上同类书的区别在于——我们不以教会孩子使用编程软件或学会一种编程语言为主要目的，而是以培养孩子独立思考能力，训练孩子分析问题、解决问题的能力为最终目的。本系列书一共包含4 本，分别为《Scratch 3.0 少儿积木式编程（6~10 岁）》《Scratch 3.0 少儿编程 · 创客意识启蒙》《Scratch 3.0 少儿编程 · 逻辑思维培养》《Scratch 3.0 少儿编程 · 创新实践训练》。

这 4 本书的主要内容和适合群体分别如下。

《Scratch 3.0 少儿积木式编程（6~10 岁）》适合初次接触编程的孩子，是 Scratch 的启蒙书。学习者的最佳年龄段为 6~10 岁，尤其是学龄前孩子。本书侧重基础，注重编程概念的引入和对 Scratch 操作的介绍。学完本书后，孩子可以基本理解编程、项目、代码等概念，并具备一定的编程学习能力，可以完成简单小动画的制作。

《Scratch 3.0 少儿编程·创客意识启蒙》适合初次接触编程的孩子，学习者的最佳年龄段为 8~12 岁。本书也是 Scratch 的基础入门书，与第一本的区别是，它更适合已经上学的孩子学习。本书引入"动手—观察—掌握"的学习模式，规避了对概念、模块的大段介绍，让孩子通过"动手执行—观察现象—掌握特性"的学习顺序，观察直观的现象，理解编程方法，并初步具备用变化来创新的意识。

《Scratch 3.0 少儿编程·逻辑思维培养》适合有一定编程基础的孩子，尤其是已经学完以上两本书的孩子。本书以实例为载体，融入"设计—需求—开发—测试—验收"的开发思想，对"理解问题—找出路径"的编程思维不断强化。孩子在学完本书后，除了掌握编程技术，还可以收获目标导向、要事优先和模块化拆解问题的思维和能力。

《Scratch 3.0 少儿编程·创新实践训练》适合已经能够灵活运用 Scratch 编程的孩子。本书不再以 Scratch 的特性为介绍重点，而是将其作为一种工具，帮助孩子实现创意。本书着重介绍了故事板、思维导图、连线法等几个用于整理思路的思维工具，并将其用于分解编程任务、实现编程任务。学习完本书后，孩子将不再受限于 Scratch 软件本身，而是以编程为工具，自由地徜徉在创意的海洋中。

本系列书之所以选择 Scratch 3.0 软件作为编程工具，是因为 Scratch 是麻省理工学院专门针对少儿开发的一款简易编程工具。它的优点是操作简单、易学、直观、有趣，特别符合少儿年龄段的学习方式和兴趣特点，用简单的拖曳方式即可编程，自学起来十分简单，既锻炼了孩子的学习能力也解放了家长。Scratch 有强大的角色库和背景库，颜色、背景、形象丰富生动，做出的案例都是孩子喜欢的动画、游戏，很容易调动起孩子的学习兴趣。尤其是它的积木式编程法，省略了很多高级编程语言编程时需要注意的细枝末节，把编程思想用简单形象的方法深入到孩子心中，因此非常适合作为少儿学习编程的启蒙工具。

基于少儿的学习特点和 Scratch 的软件特性，本系列书在内容和形式上也做了一些独特的设计。

1. 更注重思维的引导，培养孩子的综合能力。本系列书更注重对孩子综合能力的培养，注重举一反三和思维引导，尤其注重教孩子一些学习方法和思维工具。这些方法和工具不仅适用于孩子学习 Scratch 编程，也适用于学习其他语言，甚至学习其他科目。孩子在学习完编程语言后能够融会贯通，利用编程的思维解决其他问题，这才是学习编程思维的真正意义。

> 让我们来整理一下这个动画的制作思路：
> 1. 添加一只小鸟；   2. 让小鸟飞行；
> 3. 让小鸟在舞台上来回飞行，并且正确翻转；   4. 让小鸟在飞行中变换造型。

2. 注重步骤拆分，增强图片解释。孩子所在的年龄段是对直观的图形图像有更强记忆力和理解力的年龄段，Scratch 本身的代码也被设计得很容易理解。因此，本书将编程程序详细地拆分，让孩子跟着图片步骤一步步拖动对应的积木完成案例。即使年龄很小，阅读能力不够的孩子也完全能够看懂和学会。

Step1 将运算类代码【在 1 和 10 之间取随机数】拖入编程区。

Step2 单击执行该语句。

3. 配套视频教学，跟着视频学得快。为了让孩子更快、更直观地掌握技巧，本系列书都配套了丰富的视频课程，孩子可以先用手机扫描二维码查看演示视频，观看老师的操作，然后进行模仿学习，最后根据书中的提示，按照自己的想法来设计场景。书中案例的源文件，可以到人邮教育社区（www.ryjiaoyu.com）下载（可能需要家长的帮助）。

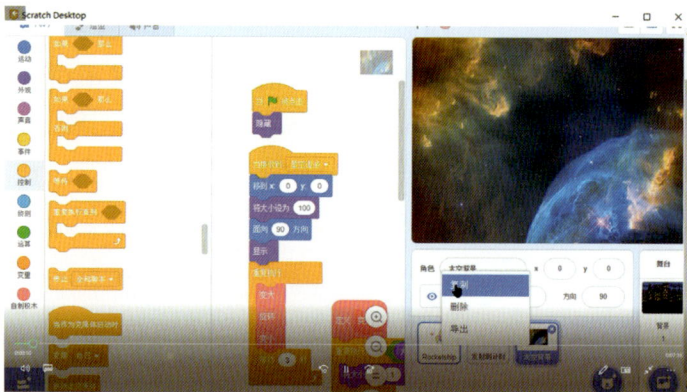

最后，感谢您和孩子选择本系列书，希望每个孩子都能够充分利用这套书，建立编程思维，享受编程带来的趣味和成就，让编程为你解决问题，努力成为未来世界的创造者！

编 者

2019 年 9 月

本章详细介绍了注册和使用Scratch 3.0在线版的步骤，带领父母们和小朋友们编写了一个在线的简单小动画，让父母们对于此软件有一个基本了解，从而可以引导小朋友们开始后续的学习，然后演示了在线动画的一些基本操作，如保存、查看、分享、下载等。

另外，本章还介绍了离线编辑器的基本操作。包括如何下载和安装离线编辑器，如何切换中英文界面，如何改变编程区域的布局等。

要制作一个动画，首先要了解如何添加动画的基本组成部分，也就是动画的角色、背景和声音。本章将介绍为动画添加角色、背景和声音的多种方法，小朋友们在添加了角色、背景和声音后，再通过编程让角色、背景、声音适当地运动或变化，一个有趣的小动画就完成了。

目 录

第3章 角色的动画 / 37

本章首先介绍了积木搭建方法，然后示范了7个小动画。在制作动画的过程中，小朋友们可以学到如何让角色动起来，如何切换背景，如何为角色添加效果，如何改变角色大小，如何用方向键控制角色运动，如何让角色显示和隐藏，以及如何让角色在指定的轨迹上运动等。小朋友们可以通过练习这些小动画来熟悉Scratch的主要代码积木搭建方法和功能。

第三部分　综合实践 / 99

第4章　奇妙的动物园 / 100

　　本章是综合实践，需要制作一个复杂的大动画。这个大动画由多个任务组成，包含多个场景，近10个动画角色。小朋友们可以先整体了解这个动画，熟悉编程意图，再打开待做任务的动画工程文件，按照书上要求，把缺少的功能补充进来

附录
在画布上绘制新角色 / 133

　　本附录演示了在画布上绘制跳绳小孩的过程，小朋友们可以从中学到绘图工具的使用方法。

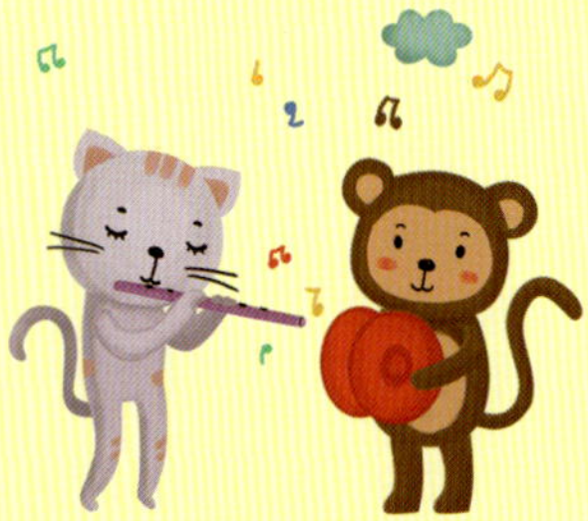

1

第一部分
父母必读

本部分内容主要面向想要给小朋友们创造编程环境的父母。对于刚刚开始接触Scratch的父母们来说，这一部分是入门章节。通过本部分的阅读和实践，父母们可以帮助小朋友们搭建好编程环境，然后筑巢引凤，让小朋友们独立完成其余的学习。另外本部分内容也适合文字阅读能力强且对计算机操作很熟练的小朋友自行学习。

在开始之前，首先要明确 Scratch 3.0 对计算机的配置要求。

目前 Scratch 不支持在各种平板电脑和手机上运行，所以硬件方面，必须是一台计算机（台式计算机或笔记本电脑均可）。软件方面，计算机的操作系统需要是 Windows、Mac 或者 Linux。

如果选择在线编程，那么对编程环境的要求如下。

（1）拥有 Windows、Mac 或 Linux 操作系统的计算机。

（2）拥有 2016 年 6 月 15 日之后发布的 Adobe Flash Player 版本。

（3）拥有以下网页浏览器之一：

- Chrome（适合 Windows、Mac 或 Linux 操作系统），要求是最新的 2 个版本之一；
- Firefox（适合 Windows 或 Mac 操作系统）；
- Safari（适合 Mac 操作系统）；
- Edge（适合 Windows 操作系统）；
- Internet Explorer 11(适合 Windows 操作系统)。

如果使用离线编辑器的话，只要通过浏览器下载离线编辑器的安装文件，安装并使用就可以了，在使用编程功能时不需要联网。不过目前官网只有支持 Windows、Mac 操作系统的安装文件，没有支持 Linux 操作系统的安装文件。

第 1 章

Scratch 3.0编程入门

　　本章会详细介绍注册和使用 Scratch 3.0 在线版的操作步骤，并带领父母和小朋友们编一个简单的在线小动画，然后演示了在线动画的制作与分享过程。这一部分内容以实例为基础，涵盖了在线编辑器的绝大部分操作，使父母和小朋友们对编程有一个初步认识。

　　另外，本章还介绍了离线编辑器的基本操作，包括下载和安装离线编辑器，切换中英文界面，改变编程区域的布局等。

初识 Scratch

1. 注册并登录官网

　　Scratch 是一个奇妙的工具，它可以创建人与计算机之间的交互，通过点击、拖动等操作推动故事情节的发展。在这里你既可以制作游戏，也可以制作动画，最主要的是所有创作的作品，都可以作为项目上传到网站上，和全世界的人分享。同样，这个网站有很多项目，也是全球其他的小朋友们或者大人们创建的，你也可以任意查看。

　　我们现在来学习编程的第一步：在 Scratch 官网上注册并登录官网。

Step1 首先打开浏览器，输入 Scratch 官网地址并回车，就可以进入 Scratch 网站。

　　第一次登录网站时，默认的界面可能是英文界面。用鼠标指针拖动屏幕右侧的滚动条，翻到屏幕的最下端，可以看到一个语言选项。单击选项右边的小三角符号 ▼ ，用鼠标指针拖动右侧的滚动条，选择【简体中文】选项，界面就切换成中文的了。

Step2　单击 Scratch 网站首页右上角的超链接"加入 Scratch 社区" 加入Scratch社区 ，会弹出一个窗口，在这里你可以注册一个新用户。

Step3　在第一个文本框输入用户名称，然后在第二个文本框和第三个文本框都输入密码，要保证两次输入的密码完全相同，然后单击 下一步 按钮。

Step4　按照提示，依次选择出生年和月、性别、国家等信息，并输入电子邮箱地址，之后单击 下一步 按钮，此时弹出的窗口显示："欢迎来到 Scratch！" 与此同时，你注册的邮箱中会收到一封验证邮件。打开邮箱，接收验证邮件，单击邮件中的 验证我的信箱 按钮，就会弹出另一个"欢迎来到 Scratch！"的页面。

Step5 单击页面下方的 OK, let's go! 按钮，进入 Scratch 首页，这个时候我们可以看到，刚才注册的用户名已经出现在菜单栏中了，这说明用户已经注册成功了。

2. 在线编辑器布局

进入 Scratch 首页后，单击左上角的 创建 按钮，就打开了下图所示的 Scratch 编辑器。我们来认识一下编辑器的布局。

- 编辑器的上部是菜单栏和工具栏，可以设置编程文件和工作界面。
- 左侧是积木块调色盘，所有的代码积木都按功能颜色分类。
- 中间区域是编程区域，顾名思义就是放置代码进行编程的区域。
- 右侧上部是舞台，在这里可以看到代码运行后的效果。
- 右侧下部分别是角色列表和背景列表，用户可以在此选择编程角色和背景。

在线动画的制作

　　这一节我们介绍一个典型的动画制作过程，并在每一步详细介绍在线编辑器的功能，供小朋友和父母们了解和学习。

　　首先打开 Scratch 3.0 在线编辑器，新建一个项目，然后请跟着本书一起创建一个有关恐龙的在线小动画。

1. 选择角色和背景

　　进入编程环境后，可以看到舞台中央有一只小猫，这是系统默认的角色。

　　如果想使用别的角色，需要删除小猫，有两个方法可以删除：
　　（1）用鼠标右键单击小猫，在弹出的菜单中选择【删除】；

（2）用鼠标单击小猫角色，这时小猫的角色显示被选中状态，单击角色图片右上角的
❌，即可删除小猫。

这时舞台和角色列表都被清空了，接下来添加我们需要的角色和背景。

Step1　单击角色列表右下角的 🐱 按钮，它的作用是选取角色。

💡 为了便于查找，这些角色被分成了不同的种类，可以满足我们制作各种题材动画的
要求。在选择角色时，可以单击类别按钮进行分类查找，也可以用鼠标指针拖动右侧的滚
动条，滑动显示全部的角色进行选择。

Step2　选中恐龙角色。在【Dinosaur1】图片上单击一下，它就在舞台和角色列表中出现了。

Step3　单击舞台列表的下方另一个按钮 🖼，它的作用是选择一个背景，用同样的方法，选择丛林作为背景，在【Jungle】上单击一下，丛林就出现在舞台和背景列表中了。

2. 搭建积木并运行

积木块调色盘上方共有 3 个模块，分别为【代码】【造型】【声音】。在【代码】模块下共有 9 种积木类别，按照功能划分，分别为【运动】【外观】【声音】【事件】【控制】【侦测】【运算】【变量】【自制积木】，如右图所示。

单击左边的【运动】类，【运动】类相关积木就出现在右边的积木块调色盘中。我们可以用鼠标指针把需要的积木拖到编程区，对角色和背景进行编程。

上一节中，我们已经选好了动画的主角和背景，现在，我们就要想办法让主角动起来。

Step1 用鼠标单击角色列表中的恐龙，使恐龙处于高亮状态，表示现在是针对恐龙编程。

Step2 从【运动】类积木中选择【移动 10 步】积木拖到编程区。

Step3 用鼠标单击【移动 10 步】积木，观察舞台上恐龙的变化。可以看到，每单击一次积木，恐龙就会向右移动一下。

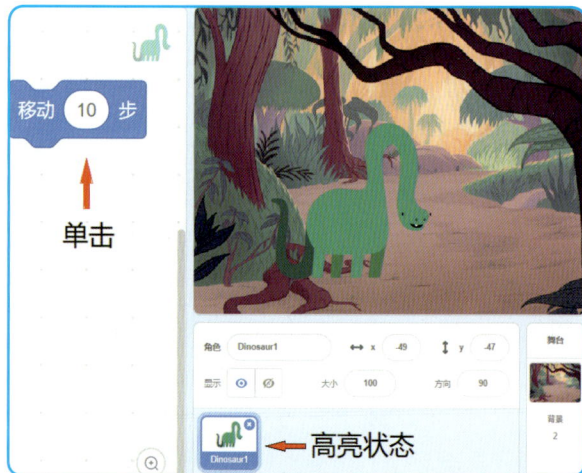

Step4 拖动【事件】/【当 🏳 被点击】积木，放到【移动 10 步】积木上面。

> **温馨提示**
>
> 　　为了叙述简单，当我们说"单击【代码】/【运动】，拖动【移动 10 步】积木到编程区"
> 这句话时，意思是：
> - 在选中当前角色的前提下；
> - 在左侧的【代码】模块中的【运动】类别下找到【移动 10 步】积木；
> - 用鼠标指针拖动【移动 10 步】积木，到编程区释放鼠标。

　　💡 在舞台的左上方，有两个按钮，一个是绿色的旗子 🏳，可以用来启动；一个是红色的按钮 🔴，可以用来停止。当单击 🏳 时，程序启动，恐龙就会向右移动 10 步。

　　这样，恐龙移动的小动画就完成了，是不是很简单呢！

🌈　在线动画的保存和查看

1. 保存

　　制作完一个程序后，为了方便以后查看，可以将它保存起来。单击菜单栏中的【文件】，弹出的下拉菜单如右图所示。

- 【立即保存】可以将项目保存在当前账户中。单击该选项后，

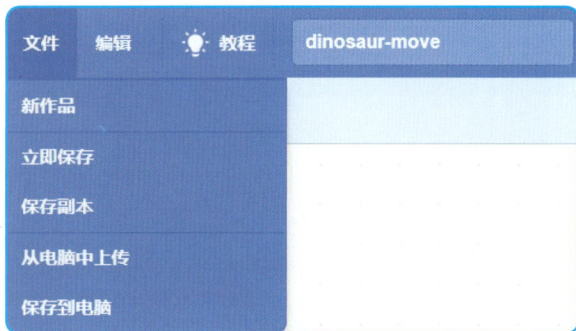

在弹出的保存窗口中填写项目标题后，单击【立即保存】，项目就被保存下来了。
- 【保存副本】可以将项目复制一份并保存下来。
- 【从电脑中上传】可以打开本地计算机中保存的项目。
- 【保存到电脑】可以将项目保存到本地计算机中。

2. 查看

项目保存后，还可以查看保存的项目。单击菜单栏右上角用户名旁边的小三角图标▼，弹出的下拉菜单如右图所示。

单击【我的项目中心】选项，窗口中就会呈现出用户之前制作并保存的作品，它们会出现在“我的东西”中。

单击【观看程序页面】可以回看之前做的动画。也可以单击每个项目右下角的【删除】按钮，删掉你不喜欢的项目。

在线动画的分享和下载

1. 分享

在"我的东西"窗口单击【观看程序页面】按钮，回到编辑页面，单击上方菜单栏的 分享 按钮，就可以把完成的项目分享到网站上，让所有的 Scratch 用户都能看到。在分享时，最好填写"操作说明"和"备注与谢志"，告诉别人如何使用这个项目，分享作者的制作感言等。

分享之后也可以取消分享，方法是：打开"我的东西"窗口，在保存的项目中单击项目右下角的【取消分享】，其他人就不会看到你的作品了。

2. 下载

通过 Scratch 网站，我们既可以将自己制作的项目分享到网站上，也可以共享网站上的所有项目。打开 Scratch 网站，上面已经分门别类地列出了很多作品，如：精选项目、大家在改编的项目、大家在赞的项目等，单击两侧的箭头按钮，还可以翻页浏览更多的项目。

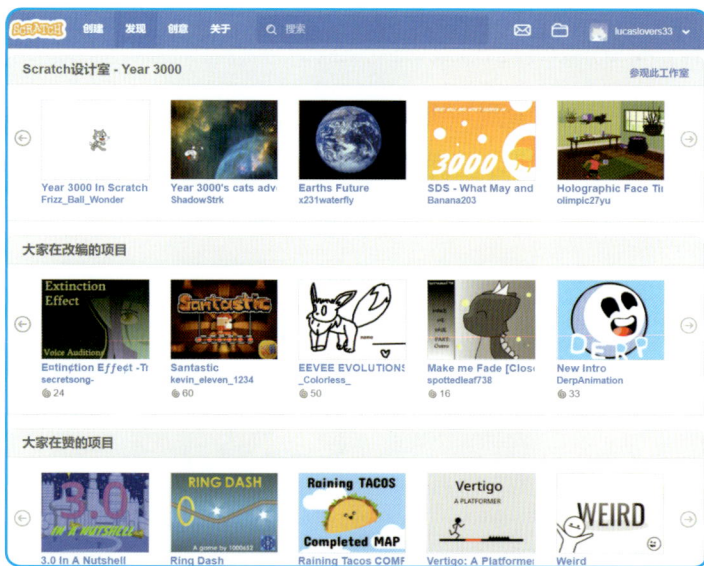

如果对某个作品感兴趣，可以单击该作品，进入项目页面，单击右上角的【进去看看】按钮，查看项目的角色、背景、代码。单击【改编】按钮，可以对项目进行再次创作。改编后的作品可以保存到自己的账户中，也可以分享到网站上（不过小朋友要注意，为了保护原作者的劳动成果，请你经过原作者同意后再分享。）

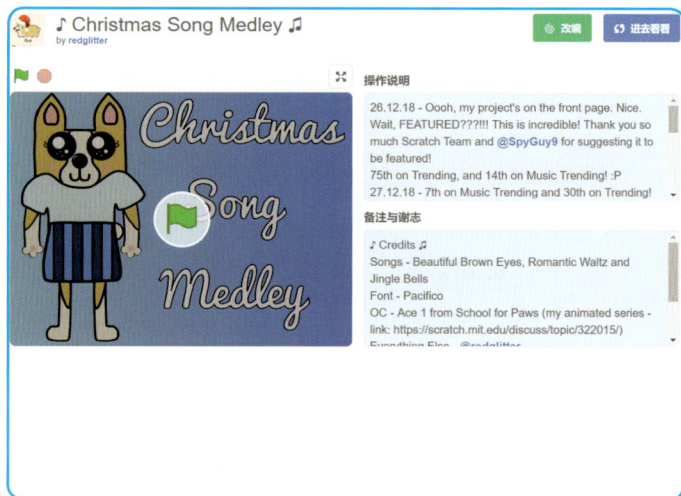

Scratch 离线运行

1. 离线编辑器的安装与运行

Step1 在浏览器中输入 Scratch 官网地址，进入 Scratch 网站的首页，网页最下边有一系列的菜单，其中一个主菜单为【支持】,【支持】下面有一个选项为【离线编辑器】。

Step2 单击【离线编辑器】，在弹出的安装 Scratch桌面版的窗口中选择计算机适用的操作系统，单击 下载 按钮，开始下载。下载完成后，直接运行 .exe 文件即可安装。离线编辑器安装完成后，桌面上会出现一个离线编辑器的图标。

Step3　双击离线编辑器的图标，就打开了 Scratch 离线编辑器。有了离线编辑器，我们不需要联网，也可以使用 Scratch 进行编程。在离线编辑器上新建、制作和保存小动画的方法和在线编辑器上是完全一样的。

2. 离线编辑器的设置

　　首次打开离线编辑器时，默认的是英文界面，单击菜单栏上的地球按钮 ，将会出现多种语言的下拉框，将滚动条拉到最后，选择【简体中文】，编辑器的语言就切换成中文了。同样的，在中文界面下，选择【English】，也可以将编辑器的语言切换成英文。

在线和离线编辑器中，舞台的右上角均有两个按钮，它们的作用是改变编辑器的布局，也就是调整编程区域和舞台区域的大小。系统默认使用第二个状态 ⬛，当 ⬛ 按钮处于高亮状态时，舞台区域比较大，便于观看动画效果。如果在编程过程中，希望编程区域大一些，可以单击第一个按钮 ⬜，这时编辑器的布局就变了，舞台区域缩小了，而编程区域扩大了。在编程过程中可以根据需要随时调整编辑器布局。

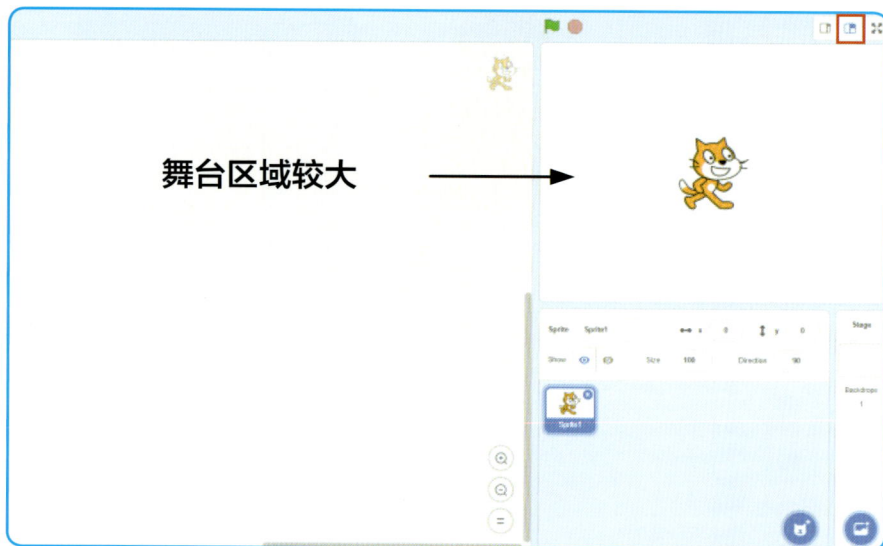

舞台区域较大

编程区域较大

2

第二部分
编程入门

小朋友们，现在轮到你们上场了。打开Scratch，进入奇妙的动画编程世界吧。在这里，小朋友们可以学习编程的方法，体会编程的快乐，在编程世界里充分发挥自己的想象力，创造出与众不同的动画和游戏。

这一部分介绍了Scratch中为动画添加角色、背景和声音的多种方式，然后介绍了编程积木的搭建方法，示范了7个简单易学的小动画。小朋友们可以通过练习制作这些小动画来熟悉Scratch的编程方式和主要功能。

第 2 章
角色和背景

　　要制作一个动画，首先要了解如何添加动画的基本组成部分，也就是动画中的角色、背景和声音。本章会介绍为动画添加角色、背景和声音的多种方法，小朋友们在添加了角色、背景和声音后，再通过编程让角色、背景适当地运动或者变化，伴随着声音的烘托，一个有趣的小动画就完成了。

　　在编程之前，要先选择编程的对象，也就是角色或背景，当要编程的角色或背景处于被选中，也即高亮状态后，再选择对应的编程积木对其进行编程。其中有些积木，比如【运动】类积木，只有角色才能使用，如果选中了背景，在积木块调色盘中就找不到【运动】类积木了。因此，我们要有面向对象编程的意识。

为动画添加角色

角色是我们所做的动画中能够运动或者与我们互动的主角和配角。角色可以有很多个，它们可以是任何事物，从动物、人物到食物等等，我们可以针对每个角色进行编程。

本节会用到下面这些积木。

积　木	作　用	提　示
选择一个角色	快速地从系统预置角色中选取一个使用	快捷地找到合适的角色并与背景、颜色相互关联和协调。可以在分类中搜索，也可输入角色名称首字母来缩小搜索范围
选择一个角色	快速地从系统预置角色中选取一个使用	与上述按钮作用完全相同
绘制	使用系统配置的画布工具绘制一个角色	发挥想象力和创造力，自行设计和绘制独特的角色
随机	从系统预置角色中随机选取一个使用	由系统随机选中一个角色，不需要自己添加
上传角色	从本地保存的角色文件中选取一个角色	在官网上看到合适的角色时，可以下载到本地，再通过上传角色的方法把它加入到角色列表中

添加角色之前，首先要新建一个项目，并把舞台上默认的角色删除。单击【文件】/【新作品】，然后单击角色列表中小猫角色右上角的小叉号，即可删除小猫的角色，清空舞台区。

1. 选择一个角色

用鼠标指针指向角色区右下角的猫头形状按钮，按钮将变成绿色，并且弹出 选择一个角色 绿色菜单。单击按钮，将打开系统预置的角色库。

　　或者，用鼠标指针指向猫头形状按钮 ，会弹出 4 个图标，用鼠标指针指向放大镜形状按钮 ，会弹出 选择一个角色 绿色菜单。单击 ，也将打开系统预置的角色库。

　　下图为系统预置的角色库，在【所有】类别中，列出了系统预置的全部角色，为了方便查找，系统将角色分为【动物】【人物】【奇幻】【舞蹈】【音乐】【运动】【食物】【时尚】【字母】9 类，可以单击相应的类型，缩小选择范围，更快地查找到需要的角色。

　　比如，打开系统预置的角色库后，单击【动物】这个类别，系统会列出全部的动物角色，我们在其中选择公鸡【Rooster】。

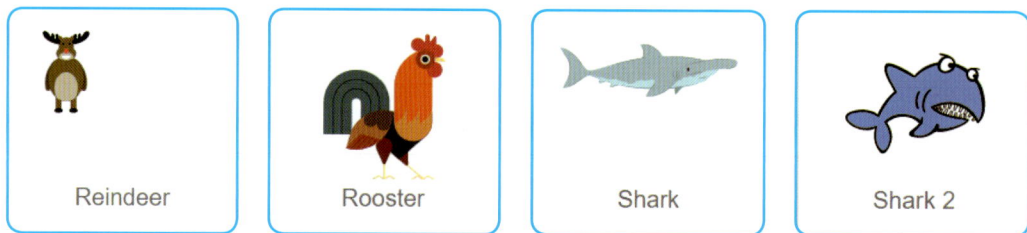

选择背景后，返回查看舞台。小朋友们看到了吗？骄傲的大公鸡出现在舞台中央了。

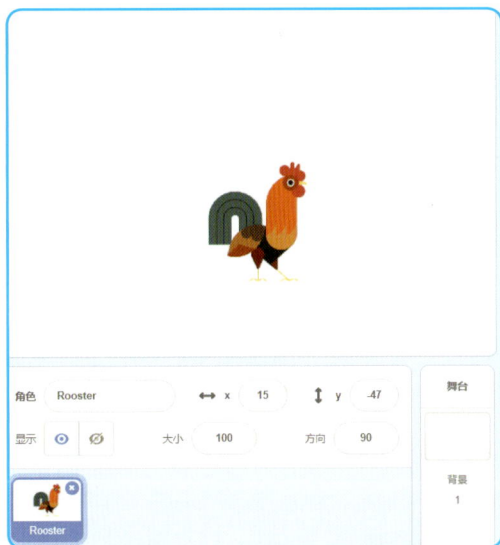

2．绘制一个角色

用鼠标指针指向猫头形状按钮 🐻 ，会弹出 4 个图标，用鼠标指针指向画笔形状按钮 🖌️ ，会弹出 绘制 绿色菜单。

单击 🖌️ ，将打开一张画布，在画布周围有很多实用工具。我们可以利用这些工具在画布上设计出各种造型。画布提供了两种绘图方式，分别为矢量图方式和位图方式，其具体功能和使用方法可以参考附录。

小朋友们，掌握了绘制角色的方法后，就可以尽情发挥你们的想象力，设计出独一无二的动画人物了。

3. 随机选择一个角色

用鼠标指针指向猫头形状按钮🐱，会弹出4个图标，用鼠标指针指向十字星形状按钮⚹，会弹出 随机 绿色菜单，单击⚹按钮，系统会在预置库里所有的角色中随机选择一个角色，这个角色将被加到舞台中央。小朋友们看到了吗？这一次，系统帮我们随机选中了一条美丽的小鱼，下一次的选择可能不一样哦。

4. 上传一个角色

如果想使用角色库以外，并且已经被保存在计算机中的某个角色，可以通过上传的方法将此角色导入到项目中。

用鼠标指针指向猫头形状按钮🐱，会弹出4个图标，用鼠标指针指向带有箭头形状的按钮⬆，会弹出 上传角色 按钮。单击⬆将弹出一个窗口。

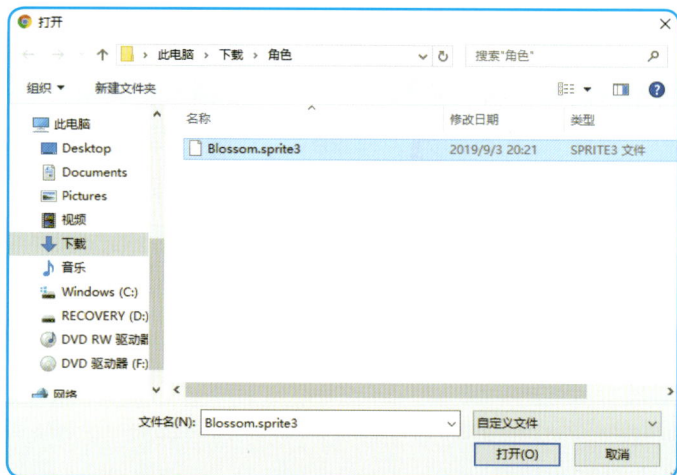

此时，可以通过角色文件的保存位置找到角色，也可以在文本框中输入角色文件名称，选中角色文件，之后单击右下角的【打开】按钮，文件中的角色就出现在舞台中央了。通过上传角色的方法，可以使用系统预置库之外的角色。

为什么要上传角色呢？因为预置库里的角色毕竟有限，而 Scratch 官网上有很多项目，其中包含了各种各样的角色，库里预置的角色和官网相比犹如九牛一毛。取用官网的角色，选择范围一下子就增加了很多。

怎样获取这些角色文件呢？在 Scratch 官网选择一个项目打开，如果对此项目感兴趣，可以单击右上角的 [进去看看] 按钮，查看项目的代码和角色。

打开项目后，如果遇到喜爱或需要的角色，可以把它下载到本地。

选中需要的角色后，单击鼠标右键，在弹出的菜单中选择【导出】选项，之后选择好保存路径，角色文件就被保存到本地了。

角色文件被保存到本地后，通过"上传一个角色"方法，就可以将角色上传到自己的项目中使用了。

温馨提示

官网上下载的角色只限于本地练习，如果小朋友们想将角色放到公开场合展示，比如上传到网站与别人分享，需要征求原创者的同意和授权才可以。

为动画添加背景

背景就是角色所在的那个世界，背景可以有多个，但同一时间只能有一个背景出现在舞台上。我们可以针对背景进行编程，让舞台适时变换背景。

本节会用到下面这些积木。

积　木	作　用	提　示
选择一个背景	快速地从系统预置背景中选取一个使用	快捷地找到合适的背景，与角色相互关联、协调。可以在分类中搜索，也可输入角色名称首字母来缩小搜索范围
选择一个背景	快速地从系统预置背景中选取一个使用	与上述按钮作用完全相同

续表

积　木	作　用	提　示
绘制	使用系统配置的画布工具自行绘制一个背景	发挥想象力和创造力，自行设计和绘制独特的背景
随机	从系统预置背景中随机选取一个使用	由系统随机选中一个背景，不需要自己添加
上传背景	从本地保存的图片中选取一个作为背景	在本地选择背景，选择范围大大增加

1. 选择一个背景

用鼠标指针指向屏幕右下角的山形形状按钮 ⬛，按钮将变成绿色 ⬛，并且会弹出 选择一个背景 绿色菜单。

单击 ⬛ 按钮，将打开系统预置的背景库。

或者，用鼠标指针指向山形形状按钮 ⬛，会上拉出 4 个图标，用鼠标指针指向放大镜形状按钮 🔍，会弹出 选择一个背景 绿色菜单，单击 🔍，也可以打开系统预置的背景库。

　　打开系统预置的背景库后，单击【户外】这个类别，系统会列出全部的户外背景图片，在其中选择热带草原【Savanna】。

| Pool | Savanna | School | Slopes |

　　选择背景后，返回查看舞台，热带草原的背景被加入舞台中，小朋友们看看，画面是不是顿时丰富了很多？

2. 绘制一个背景

　　用鼠标指针指向山形形状按钮 ，会弹出 4 个图标，用鼠标指针指向画笔形状的按钮 ，会弹出 绘制 绿色菜单。

单击 ![pen]，将打开一张画布。画布周围有很多实用工具，我们可以利用这些工具在画布上绘制一个背景。

绘制的背景会自动成为选中的背景，并出现在舞台中。

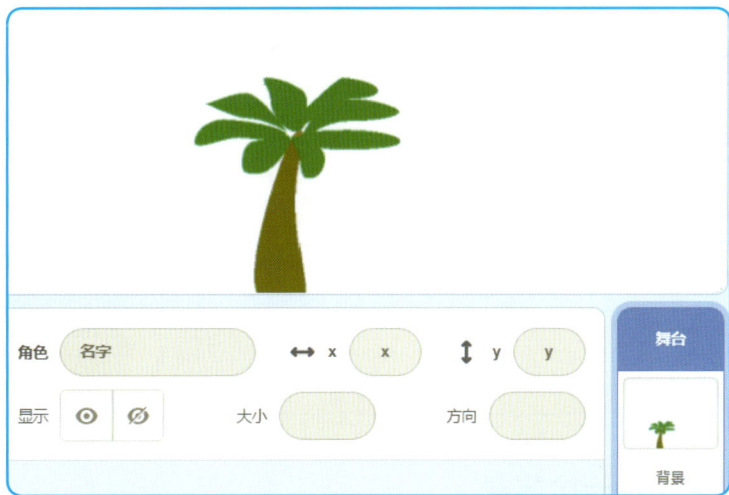

小朋友们熟练掌握绘图工具后，就可以发挥自己的想象，设计一个绚丽的舞台背景了。

3. 随机选择一个背景

用鼠标指针指向山形形状按钮 ，会弹出 4 个图标，用鼠标指针指向十字星形状按钮 ，会弹出 随机 绿色菜单。

单击 ，系统将会在库里所有的背景图片中随机选择一个图片作为舞台背景。每一次系统的选择都可能不一样呢!

4. 上传一个背景

我们也可以使用本地计算机保存的图片作为背景。

用鼠标指针指向山形形状按钮 ，会弹出 4 个图标，用鼠标指针指向带有箭头形状的按钮 ，会弹出 上传背景 绿色菜单。

单击 ，将弹出一个窗口。

　　通过文件保存路径找到图片，或在文本框中输入背景图片所在的路径，然后选中背景图片，单击右下角的【打开】按钮，选择的背景就出现在舞台中了。

　　可以作为背景的图片种类非常多，可以是湖光山色，也可以是花鸟虫鱼，甚至手工涂鸦。小朋友们只要用心选择，就可以找到与动画主题最契合的背景。

为动画添加声音

除了背景，我们还可以为舞台或者角色添加声音。在添加声音之前，首先选择要添加声音的对象。如果要为舞台添加背景音乐，就单击窗口右下角的背景；如果要为角色添加声音，就单击角色列表中的角色。

本节会用到下面这些积木。

积　木	作　用	提　示
选择一个声音	快速地从系统预置声音文件中选取一个使用	快捷地找到合适的声音，与角色相互关联、相得益彰。可以在分类中搜索，也可输入角色名称首字母来缩小搜索范围
选择一个声音	快速地从系统预置声音文件中选取一个使用	与上述按钮作用完全相同
录制	使用系统配置的工具录制一个声音	发挥想象力和创造力，自行设计和录制独特的声音
随机	从系统预置声音文件中随机选取一个使用	由系统随机选中一个声音，不需要自己添加
上传声音	从本地保存的声音文件中选取一个，上传到项目中	在本地的声音文件中进行选择，选择范围大大增加

1. 选择一个声音

单击窗口左上角的声音模块，用鼠标指针指向窗口左下角喇叭形状按钮 ，按钮

会变成绿色 ，并且会弹出 选择一个声音 绿色菜单。单击 按钮，将打开系统预置的声音文件库。

　　或者，用鼠标指针指向喇叭形状按钮 ，会弹出 4 个图标，用鼠标指针指向放大镜形状按钮 ，会弹出 选择一个声音 绿色菜单，单击 ，也可以打开系统预置的声音文件库。

　　打开系统预置的声音文件库后，单击【动物】这个类别，系统会列出所有与动物相关的声音文件，只要用鼠标指针指向对应图标，就可以预览声音。我们在其中选择鸟的声音文件【Bird】。

此时，【Bird】文件被加入到声音列表中，可以看到声音文件名称下面是声音的时长，0.35 秒。

我们也可以使用关键字搜索声音文件。例如，单击【搜索】文本框，输入"animal"，系统会列出所有与动物有关的声音。

2. 录制一个声音

用鼠标指针指向左下角的喇叭形状按钮，会弹出 4 个图标，用鼠标指针指向麦克风形状的按钮，会弹出 录制 绿色菜单，单击 按钮，将打开一个"录制声音"的窗口。

"录制声音"窗口中，有一个用于开始录制的红色圆形按钮⬤，单击它，就可以开始录制声音了。在录制声音的过程中，"开始录制"圆形按钮⬤会变成"停止录制"方形按钮🟧。

声音录制完毕后，单击"停止录制"按钮🟧，录制工作就结束了。"停止录制"的按钮切换成表示"播放"的蓝色三角形按钮▶。

这时，在声音文件的两端各出现一条红线，左侧红线可以向右拖动，右侧红线可以向左拖动，它们的功能是对声音文件进行裁剪，将录制声音时的空白片段去掉。

单击"播放"按钮▶预览一下声音效果。如果对效果满意，就单击右下角的【保存】按钮 保存 ，系统会生成一个声音文件，并将其加入到声音列表中。

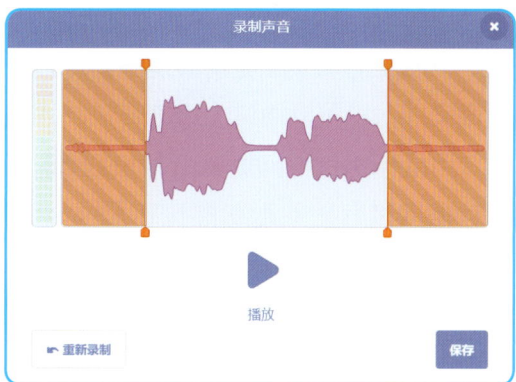

如果对效果不满意，可以单击左下角的【重新录制】按钮 ，回到"录制声音"的窗口重新录制。

3. 随机选择一个声音

用鼠标指针指向喇叭形状按钮 ，会弹出 4 个图标，用鼠标指针指向十字星形状按钮 ，会弹出 绿色菜单。单击 ，系统会在预置声音库里所有的声音文件中，随机选择一个声音文件，这个文件将会被加到声音列表中。

4. 上传一个声音

小朋友们如果想使用系统声音库以外，并且在计算机中保存的声音文件，也可以通过上传的方法将声音文件导入项目中。

用鼠标指针指向喇叭形状按钮 ，会弹出 4 个图标，用鼠标指针指向带有箭头形状的按钮 ，会弹出 绿色菜单。单击 。将弹出一个输入框，在输入框中选择声音文件所在的路径，并选中声音文件，之后单击右下角的【打开】按钮，上传的声音文件就出现在声音列表中了。

第 **3** 章
角色的动画

　　小朋友们，在为动画准备好角色、背景和声音后，正式的编程之旅就开始了。

　　本章首先介绍了编程积木的搭建方法，然后示范了 7 个小动画的制作方法。在动画制作过程中，小朋友们可以学到如何让角色动起来，如何切换背景，如何为角色添加效果，如何改变角色大小，如何用方向键控制角色运动，如何让角色显示和隐藏，以及如何让角色在指定的轨迹上运动等。小朋友们可以通过练习制作这些小动画来熟悉 Scratch 的编程方法和一些常用功能。

编程积木搭建方法

Scratch 的编程很简单，只要把所需的积木从积木块调色盘中一个一个拖到中间的编程区域，再把积木按形状接好，就可以了。编程积木的主要拼接方式有以下几种。

- 普通的积木，上下形状相吻合就可以连接起来，如右图所示。

- 椭圆形积木表示的是变量，需要将其拖到积木中圆形的文本框或参数框里，如下图所示。

未搭建的两个积木

拖动椭圆形积木到文本框附近，椭圆形文本框出现高亮显示

释放鼠标，椭圆形积木嵌入椭圆形文本框中

- 同样，尖角形积木要拖放到形状也为尖角形的文本框中，如下图所示。

学习了 Scratch 编程积木的搭建方法，我们就可以开始真正的编程之旅了！

自由翱翔的犀鸟

两个黄鹂鸣翠柳，一行白鹭上青天。

小朋友们想象一下，鸟儿们在青翠的树林里，在蔚蓝的天空中自由自在地飞翔，多美的画面啊。现在，就跟着本书的脚步一起学习制作一只飞翔的小鸟吧！

自由翱翔的犀鸟

让我们来整理一下这个动画的制作思路：

1. 添加一只小鸟；
2. 让小鸟飞行；
3. 让小鸟在舞台上来回飞行，并且正确翻转；
4. 让小鸟在飞行中变换造型。

先睹为快

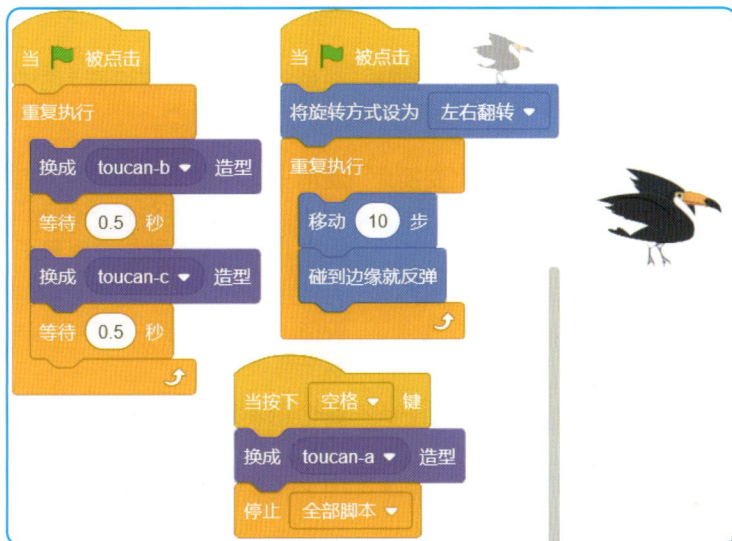

本节主要用到下面这些积木。

积　木	作　用	提　示
当 🚩 被点击	单击 🚩 按钮，可以运行这个积木下面连接的代码	一个程序的开始需要由用户来控制，而这块积木就是控制程序的开关
当按下 空格 ▼ 键	当按下指定按键可以让它下面的程序运行	把一个事件作为开关，当这个事件发生了，它下面的代码才会被执行。反之，这段代码就不会被执行
重复执行	让角色重复某一动作	只要我们能够总结出重复的规律，就可以借用循环语句，让它不断重复
移动 10 步	让角色移动	执行一次，可以让角色向右移 10 步，如果将 10 改为 −10，则向左移 10 步
碰到边缘就反弹	让角色碰到边缘可以弹回来，不会走到舞台外面	这是运动类积木中有侦测功能的神奇积木。它可以侦测角色是否碰到了舞台边缘
将旋转方式设为 左右翻转 ▼	可以设置角色的旋转方式	在角色运动时，可设置为左右翻转、不旋转或任意旋转等方式
换成 toucan-a ▼ 造型	将角色的造型变换为指定的造型	通常一个角色会有好几个造型，使用变换造型积木，可以指定角色的造型，循环变换角色的造型，动画效果就呈现出来了
等待 1 秒	等待 1 秒后再执行下一个积木	通常放在两个积木之间，执行完上一个积木后，等待 1 秒再执行下一个积木。中间的数字 1 可以任意设置。
停止 全部脚本 ▼	停止程序的执行	这个积木还有两个选项，分别为"这个脚本"和"该角色的其他脚本"，根据编程要求可以使用不同的选项

接下来我们边制作动画，边学习这些积木的具体用法。

1. 让角色重复移动

Step1 首先选择角色，用前面介绍的选择角色的方法在【动物】类别中选择犀鸟【Toucan】，将犀鸟加入到舞台中央。

Toucan　　　Unicorn　　　Unicorn-ru...　　　Zebra

Step2 单击窗口左上角的【代码】/【运动】类别，拖动【移动10步】积木到编程区。单击【移动10步】积木，可以看到犀鸟向右移动了一段距离。不停地单击积木，可以看到犀鸟不停地向右移动。

移动 10 步

Step3 单击窗口左上角的【代码】/【控制】类别，拖动【重复执行】积木到编程区的【移动10步】积木上，让两块积木吸合起来后再释放鼠标。单击【重复执行】积木，可以看到犀鸟从左侧移动到舞台右侧去了。

重复执行　移动 10 步

重复执行　移动 10 步

Step4 单击红色按钮 ● 可以暂停程序，用鼠标把犀鸟拖动到左侧，再单击【重复执行】积木，犀鸟就会继续飞行。

Step5 单击窗口左上角的【代码】/【事件】类别，添加【当 ▶ 被点击】积木，交替单击绿旗 ▶ 和红色按钮 ● ，可以控制犀鸟的移动。如果只单击绿旗 ▶ ，可以看到犀鸟飞走了，尾巴停留在舞台右边界。

2. 遇到边缘反弹

在上一小节中，我们看到，如果让犀鸟一直向右移动，犀鸟飞出舞台右侧边界后就不再返回了，如何让犀鸟自动回到左侧边界呢？

我们可以使用【碰到边缘就反弹】积木解决这个问题。【碰到边缘就反弹】积木的作用就是让角色碰到舞台的边界后就向相反方向运动，这样角色就可以一直在舞台范围内活动了。

Step1 单击窗口左上角的【代码】/【运动】类别，拖动【碰到边缘就反弹】积木到编程区，放在【重复执行】积木块内部。

💡 单击绿旗 ▶ ，可以看到犀鸟飞到右边界后，头朝下地向左飞回来了，这显然不合理，犀鸟怎么能头朝下飞呢？这是因为没有指定角色的旋转方式。

Step2 单击窗口左上角的【代码】/【运动】类别，拖动并添加【将旋转方式设为左右翻转】积木，放在【当 ▶ 被点击】积木下面。

💡 这块积木的作用是，让角色在碰到边缘反弹时，只会左右翻转，不会上下翻转，这样犀鸟就可以正常来回移动了。

3. 变换角色造型

上一节中，我们已经学会了如何让角色在舞台上来回运动，现在，要让角色一边运动一边改变造型。

Step1 选中角色列表中的犀鸟，当显示为高亮状态时，单击【代码】旁边的【造型】模块，可以看到，犀鸟有 3 个造型，其中，a 造型为站立状态，而 b 造型和 c 造型都在扇动翅膀。如果我们让犀鸟一边移动，一边在 b 造型和 c 造型之间变化，就可以制造出飞行的动态效果了。

Step2 单击窗口左上角的【代码】/【外观】类别，拖动并添加【换成……造型】的积木，在【换成……造型】积木中有一个椭圆形文本框，单击椭圆形文本框内的小三角符号 🔽，会弹出 3 个选项，选择 toucan-b 选项。再单击一次积木，犀鸟就会变换为 b 造型。

Step3 再次单击【换成……造型】积木中的小三角符号▼，选择 toucan-c，单击一次积木，犀鸟就变换为了 c 造型。

Step4 将鼠标指针移到【换成……造型】积木上，单击鼠标右键，在弹出的菜单中选择【复制】选项，这样编程区就有了两个【换成……造型】积木，将其中的参数分别选择为 toucan-b 和 toucan-c。

Step5 要让犀鸟飞行需要让犀鸟不断在 b 造型和 c 造型之间切换。使用【重复执行】积木，把【换成……造型】包裹起来，然后，再从【代码】/【控制】类别积木中，拖动【等待 1 秒】积木放在【换成……造型】后面，把【等待 1 秒】积木中的数字 1 改成 0.5。单击【重复执行】积木，可以看到犀鸟不停地扇动翅膀。

💡 如果不加入【等待 1 秒】积木，因为没有停顿，犀鸟变换造型的速度会快到肉眼看不出来，所以需要加入一个"等待"积木。

Step6 单击窗口左上角的【代码】/【事件】类别，添加【当 🚩 被点击】积木，单击绿旗 🚩，犀鸟就会不停地扇动翅膀，小朋友们可以尝试给舞台增加一个热带草原的背景，再加上前面讲过的让犀鸟不停移动的代码，你将会看到，犀鸟在辽阔的草原上来回展翅飞翔。

4. 让角色停止飞行

　　小朋友们，通过使鸟儿重复移动、正确翻转、来回飞行以及在飞行过程中改变造型，一段鸟儿飞行的动画就算是完成了。但是，还是有一点小问题需要我们去解决。小朋友们注意到了吗？当我们单击绿旗 🚩 后，犀鸟来回飞行，如果在犀鸟飞行的过程中，单击红按钮 🔴，犀鸟会立刻停止，但它停止时的造型是 b 造型或 c 造型，仍然是在飞行状态。

要解决这个问题，就需要在程序停止时将犀鸟的造型变换成站立的造型。我们可以使用空格键来触发这段代码，让犀鸟停止飞行，并且将停止时的造型变换成站立的 a 造型。

Step1 单击窗口左上角的【代码】/【事件】类别，添加【当按下空格键】到编程区。

Step2 单击窗口左上角的【代码】/【外观】类别，拖动并添加【换成……造型】积木到编程区，将【换成……造型】积木中的参数选为 toucan-a。

Step3 单击窗口左上角的【代码】/【控制】类别，拖动并添加【停止全部脚本】积木到编程区。单击绿旗 ▶，犀鸟会来回飞行，在犀鸟展翅飞行的过程中，按下空格键，犀鸟就立刻停止飞行，变换为站立的姿态。

扩展训练

　　试试把角色从犀鸟换成其他动物或人物，让角色一边移动一边变换造型，还可以把【移动 10 步】积木中的数字 10 改成不同的数值，比如：20、5、1，或者 -10、-5、-1，单击 🚩 ，看看会有什么效果？

　　下面两个场景是把犀鸟换成小兔子的效果，小朋友们也可以试一试！让小兔子来回跑，当按下空格键的时候，小兔子坐在地上。别忘了调整小兔子的奔跑速度哟！

🌸 小精灵的太空之旅

　　到月亮上或到太空中旅行，可能是每个人都有的梦想吧。这次我们一起制作一个小动画来表达这个梦想。

　　Scratch 提供了不少太空题材的背景，包括太空船、太空城等。当小精灵坐上太空船，在太空中遨游时，一场奇幻的太空之旅就开始了！

小精灵的
太空之旅

让我们先来整理一下这个动画的制作思路：

1. 添加太空题材的背景；
2. 添加角色——两个小精灵；
3. 在背景上添加说明文字；
4. 设定背景变换的顺序。

先睹为快

本节主要用到下面这些积木。

积 木	作 用	提 示
换成 Space ▼ 背景	将舞台背景变换为指定的背景	当背景列表中加入了多个背景时，可以用该积木将舞台背景更换为指定背景。循环变换背景，动画效果将会精彩纷呈
下一个造型	将角色的造型变换为下一个造型	通常一个角色会有好几个造型，使用该积木，可以将角色的造型按顺序变换为下一个造型。循环变换角色造型，动画效果就呈现出来了

1. 循环切换背景

这一小节中，我们要从库里选择多个背景，让背景按照指定的顺序变换，表现出炫目的太空场景。

Step1 首先选择"太空之旅"出发时的背景。在【户外】类别中选择侏罗纪【Jurassic】，让飞船在沙漠出发。

Jungle　　Jurassic　　Metro　　Mountain

Step2 接着，在【太空】类别中将 4 个与太空相关的图片全选作背景，然后回到主页面打开【背景】模块，可以看到 5 个背景都被加入到了背景列表中。

Space　　Space City 1

Space City 2　　Spaceship

Step3 单击窗口左上角的【代码】/【外观】类别，拖动【换成……背景】积木到编程区。单击【换成……背景】积木中参数文本框内的小三角符号 ，可以看到刚才加入到背景列表的背景名称都显示出来供我们选择，在这里首先选择侏罗纪【Jurassic】。

Step4 单击积木，可以看到舞台的背景换成了侏罗纪【Jurassic】。

Step5 复制 3 个【换成……背景】积木，并把中间的参数分别选择为太空背景 Space City 1、Space City 2、Space，如图所示。

💡 背景选好了，现在我们要让背景循环变换，产生动态效果。

Step6 使用【重复执行】积木，把【换成……背景】积木包裹起来。为避免背景切换得太快，再在每个【换成……背景】积木后都插入一个【等待 1 秒】积木。单击【重复执行】积木，可以看到舞台的背景在所选择的 3 个太空背景之间循环变换。

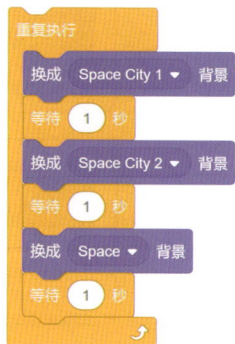

Step7 单击窗口左上角的【代码】/【事件】类别，添加【当
▶ 被点击】积木到【换成 Jurassic 背景】上，并
在重复积木之间添加【等待 1 秒】积木。单击绿
旗 ▶ ，就可以看到舞台背景首先换成了侏罗纪公
园【Jurassic】，1 秒后，舞台背景在 3 个太空场
景之间循环变换。

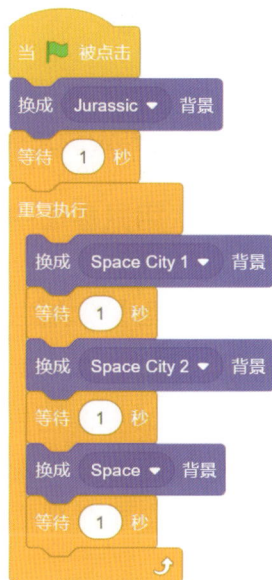

2. 增加人物

在上一节中，我们已经学会了变换舞台背景。现在，让我们在变换的背景上增加两个
小人物，然后再给小动画增加一点故事情节吧。

在【奇幻】类别中选择【Giga】和【Pico】两个角色，将它们加入到舞台中央。

Ghost	Giga	Giga Walking	Goblin
Pico	Pico Walking	Potion	Prince

3. 添加文字

下面我们要在依次出现的舞台背景上添加一些说明文字。

Step1 用鼠标选中背景，使背景处于高亮状态后，积木块调色盘上方的【造型】模块更换为【背景】模块。

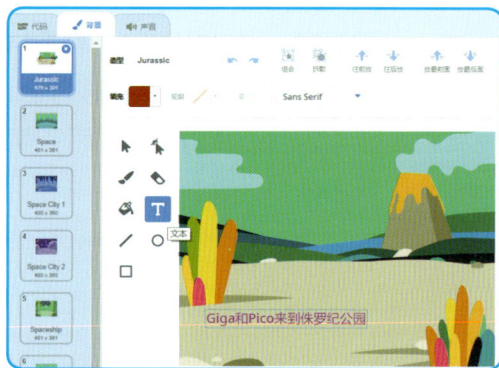

Step2 单击窗口左上角的【背景】模块，在背景列表中选中【Jurassic】，单击画布左侧的 **T** 按钮，在背景写上一段文字："Giga 和 Pico 来到侏罗纪公园"。

Step3 在背景列表中选中【Spaceship】，在太空船的背景上写一段文字："他们发现了一艘太空船，就走了进去"。

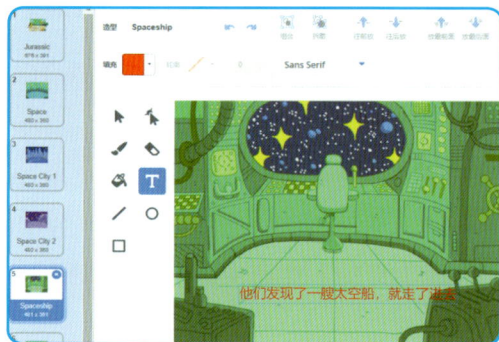

Step4 在背景列表中选中【Space】，单击鼠标右键，在弹出的快捷菜单中单击【复制】选项，【Space】背景就被复制了一个，出现在背景列表中，并自动取名为【Space2】。

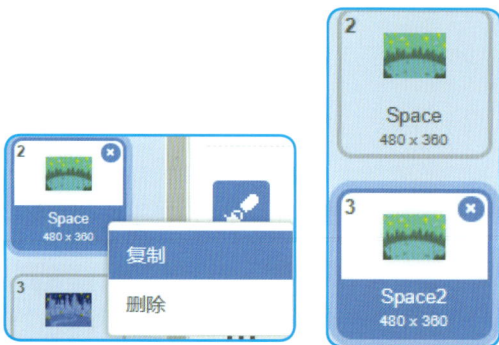

Step5 在背景列表中选中【Space2】，利用文字工具 **T** 在太空背景上写上一段文字："好开心，太空船带领他们遨游太空了！！"。

Step6 复制两个【换成……背景】积木，将中间的参数分别选择为 Spaceship 和 Space 2，也就是我们刚刚添加了文字的背景图片。把它们和【等待 1 秒】积木共同加入整个代码积木中。单击绿旗 🚩，Giga 和 Pico 出现在【Jurassic】背景中，身后变换的背景依次显示出介绍故事背景的文字，之后，舞台背景在 3 个太空背景之间循环变换。

Step7 最后，我们对两个角色都添加一个改变造型的代码。单击绿旗 🚩，会看到在背景变换的同时，Giga 和 Pico 也在不停地变换造型。

动画的最终效果如下。

🌸 跳舞的小女孩

　　小朋友们，我们现在已经学会了怎样让角色运动，以及怎样让背景变化。Scratch 还有一些特殊的积木，可以让角色和背景产生神奇的效果。这一节我们制作一个跳舞的小女孩，让舞台的颜色不断变化，同时小女孩的效果也不断变化。小朋友们可以举一反三，在动画制作过程中使用这些功能，给小动画增加一些魔幻的色彩。

跳舞的小女孩

让我们先来整理一下这个动画的制作思路：
1. 添加角色——跳舞的小女孩；
2. 给跳舞的小女孩增加鱼眼特效，然后恢复正常；
3. 让增加特效和恢复正常重复执行；
4. 添加背景，并为背景添加颜色特效。

先睹为快

本节主要用到下面这些积木。

积　　木	作　　用	提　　示
将　鱼眼 ▼　特效设定为　0	设置鱼眼特效	将角色的鱼眼特效设置为一个指定值，正负均可。数值越大，鱼眼效果越明显。数值为 0 即为正常状态
将　鱼眼 ▼　特效增加　1	改变鱼眼特效	文本框中可以输入正值或负值，若输入正值，数值越大，角色向外鼓出程度越深；若输入负值，数值越大角色向内凹进程度越明显
将　颜色 ▼　特效增加　3	改变颜色特效	文本框中可以输入正值或负值，通常与颜色特效的设定配合使用
重复执行　30　次	计数循环，即控制其内部的积木不断循环执行	只要能够总结出重复的规律，我们就可以借用循环语句，让程序重复执行，并且可以设置循环次数

1. 添加角色效果

Step1　首先选择角色。在【人物】类别中选择芭蕾舞女演员【Ballerina】，芭蕾舞小女孩被加入到舞台中央。

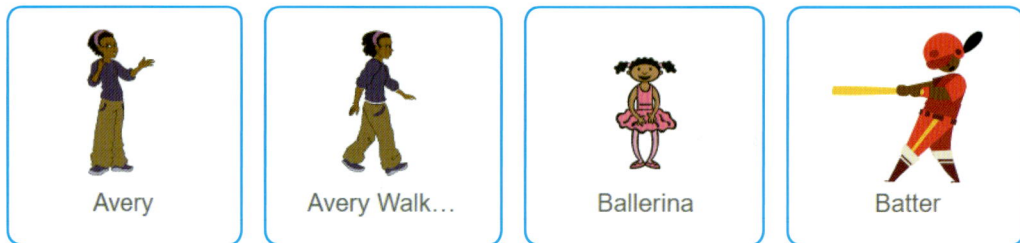

Avery

Avery Walk…

Ballerina

Batter

Step2　下面给角色增加一些鱼眼特效。单击窗口左上角的【代码】/【外观】类别，拖

动【将颜色特效增加 25】积木到编程区，将颜色改为鱼眼，将文本框中的数值
改为 1。

Step3　不停地单击积木查看效果，可以看到，随着特效的增加，小女孩逐渐"膨胀"了。

Step4　现在，我们让角色的特效不断持续增加。使用【重复执行 10 次】积木把【将
鱼眼特效增加 1】包裹起来，并将重复执行次
数改为 30 次。单击【重复执行 30 次】积木，
可以看到小女孩逐渐向外鼓出，鱼眼特效逐步
加深，这个变化是自动发生的。

Step5　现在，我们再让鱼眼特效逐渐减少。复制【重复执行 30 次】积木及其包裹的
积木，将复制的积木接在原来积木的下方，并将复制的【将鱼眼特效增加 1】
改为【将鱼眼特效增加 –1】。

Step6　单击【重复执行 30 次】积木，可以看到小女孩逐渐向外鼓出，鱼眼特效逐步加深，然后又逐步向内凹进，恢复正常。

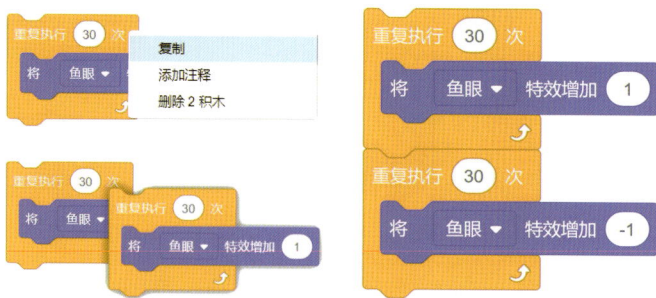

Step7　最后，再让鱼眼特效增加和减少的积木重复执行，使用【重复执行】积木，把两套【重复执行 30 次】积木包裹起来，再插入一个【将鱼眼特效设定为 0】的积木和【等待 1 秒】的积木，如右图所示。

Step8　单击【重复执行】积木，可见小女孩在正常状态保持了 1 秒，之后逐渐向外鼓出，鱼眼特效逐渐加深，然后又逐渐向内凹进，恢复正常。在正常状态保持 1 秒后，又开始出现鱼眼特效，不断循环。

Step9　单击窗口左上角的【代码】/【事件】类别，添加【当 ▶ 被点击】积木。单击绿旗 ▶，可以启动小女孩产生鱼眼特效的程序。

2. 添加背景效果

上一节，我们已经学习了给角色添加效果的方法，现在，我们给背景也做一些效果吧。

Step1 首先为舞台添加背景，在【图案】类别中选择条纹【Stripes】，舞台上小女孩的身后就出现了条纹背景。

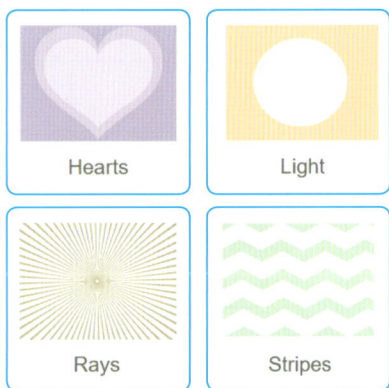

Hearts

Light

Rays

Stripes

Step2 针对背景进行编程。选中舞台背景后，将【将颜色特效增加25】积木拖动到编程区，并将其中的数值25改成3。单击积木，可以看到背景的颜色有所变化，不停地单击积木，可以看到背景的颜色不停地变化。

Step3 现在，我们让颜色特效持续变化。使用【重复执行】积木，把【将颜色特效增加3】包裹起来。单击【重复执行】积木，可以看到背景的颜色自动地不停变化。

Step4 单击窗口左上角的【代码】/【事件】类别，添加【当 🚩 被点击】积木。

Step5 单击绿旗 🚩 执行，我们将会看到，背景的颜色不停地循环变化，角色的鱼眼特效也在不停地循环变化。

3. 角色效果演示

Scratch 总共提供了 7 种特效，我们现在将这 7 种特效的取值范围和对应的效果逐一演示一下，小朋友们可以在角色或背景上灵活使用这 7 种特效，给自己设计的动画增加魔幻色彩。

颜　色

　　右图为设置颜色特效积木和增加颜色特效积木，其中的参数可以设置为任意值，正负值均可。

　　角色颜色特效的设定值和对应的效果如下图所示，其中，颜色特效为 200 时的效果和颜色特效为 0 时的效果是一样的。

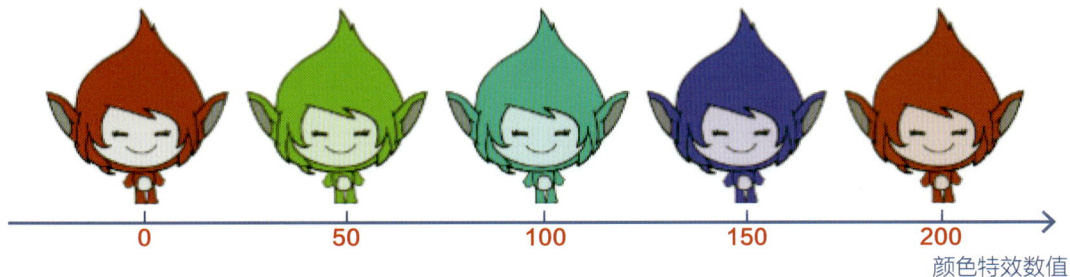

颜色特效数值

鱼　眼

　　右图为设置鱼眼特效积木和增加鱼眼特效积木，其中的参数可以设置为任意值，正负值均可。

　　角色鱼眼特效的设定值和对应的效果如下图所示。

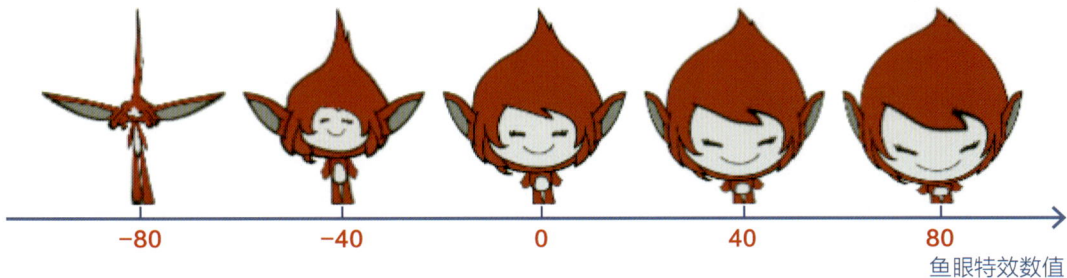

鱼眼特效数值

漩　涡

　　右图为设置漩涡特效积木和增加漩涡特效积木，其中的参数可以设置为任意值，正负值均可。

　　角色漩涡特效的设定值和对应的效果如下图所示。

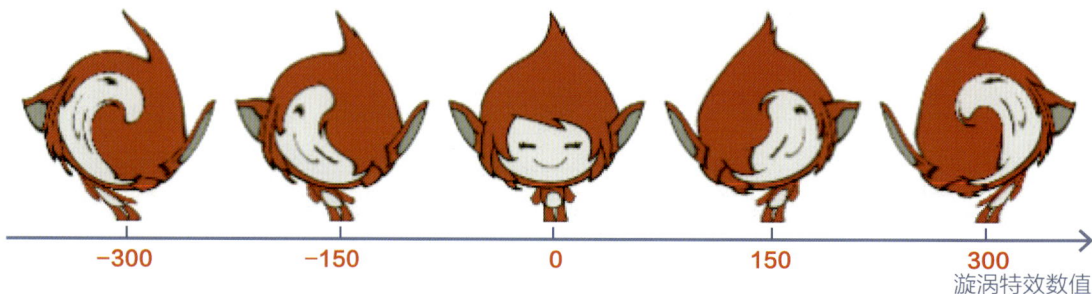

将　漩涡 ▼　特效设定为　0

将　漩涡 ▼　特效增加　25

| −300 | −150 | 0 | 150 | 300 |

漩涡特效数值

像素化

　　右图为设置像素化特效积木和增加像素化特效积木，其中的参数可以设置为任意值，正负值均可。

　　角色像素化特效的设定值和对应的效果如下图所示。

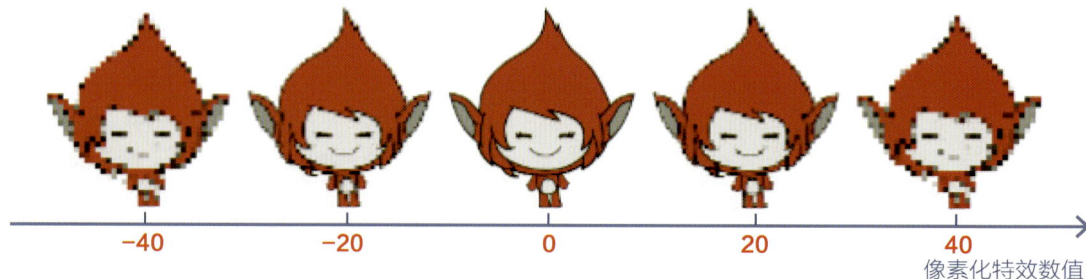

将　像素化 ▼　特效设定为　0

将　像素化 ▼　特效增加　25

| −40 | −20 | 0 | 20 | 40 |

像素化特效数值

马赛克

　　右图为设置马赛克特效积木和增加马赛克特效积木，其中的参数可以设置为任意值，正负值均可。

　　角色马赛克特效的设定值和对应的效果如下图所示。

马赛克特效数值

亮　度

　　右图为设置亮度特效积木和增加亮度特效积木，其中的参数可以设置为任意值，正负值均可。

　　角色亮度特效的设定值和对应的效果如下图所示。

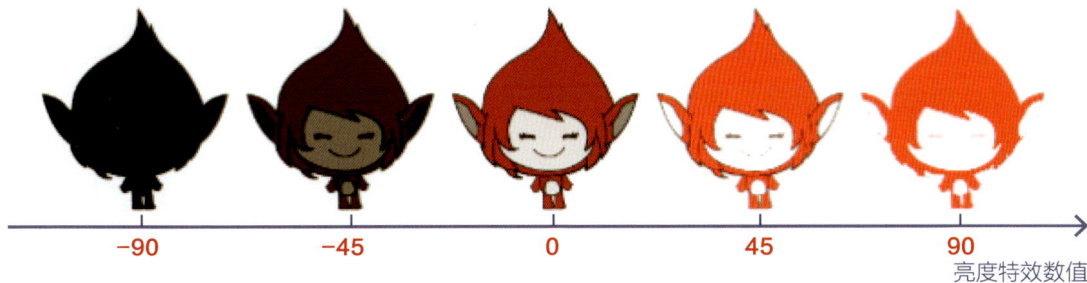

亮度特效数值

虚　像

右图为设置虚像特效积木和增加虚像特效积木，其中的参数可以设置为任意值，正负值均可。

角色虚像特效的设定值和对应的效果如下图所示。

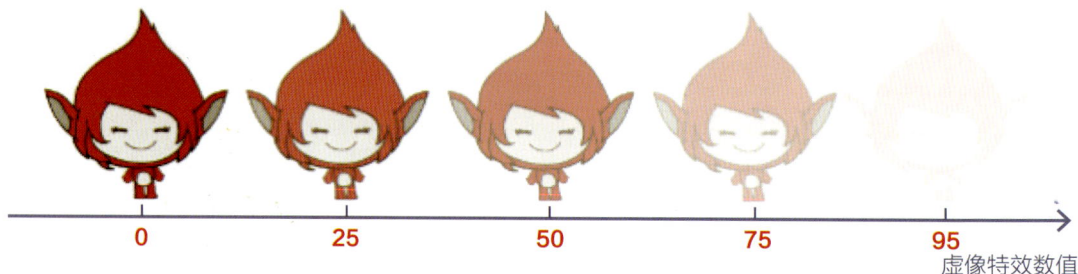

| 将 | 虚像 ▼ | 特效设定为 | 0 |
| 将 | 虚像 ▼ | 特效增加 | 25 |

0　　　　25　　　　50　　　　75　　　　95

虚像特效数值

🎯 扩展训练

试试将背景特效从鱼眼、颜色改成其他选项，比如漩涡、虚像等，看看会有什么效果？

✿ 五彩缤纷的气球

小朋友们，Scratch 的神奇积木不仅可以给角色和背景添加特效，还可以改变角色大小。现在，我们来制作一个小动画，让角色持续不断地变化大小。

让我们先来整理一下这个动画的制作思路：
1. 添加气球，并为气球设置初始大小和变化速度；

五彩缤纷
的气球

2. 复制几个气球，让每个气球的颜色、初始大小和变化速度都不相同；

3. 增加礼品盒，并让礼品盒上下振动；

4. 添加漂亮的背景。

先睹为快

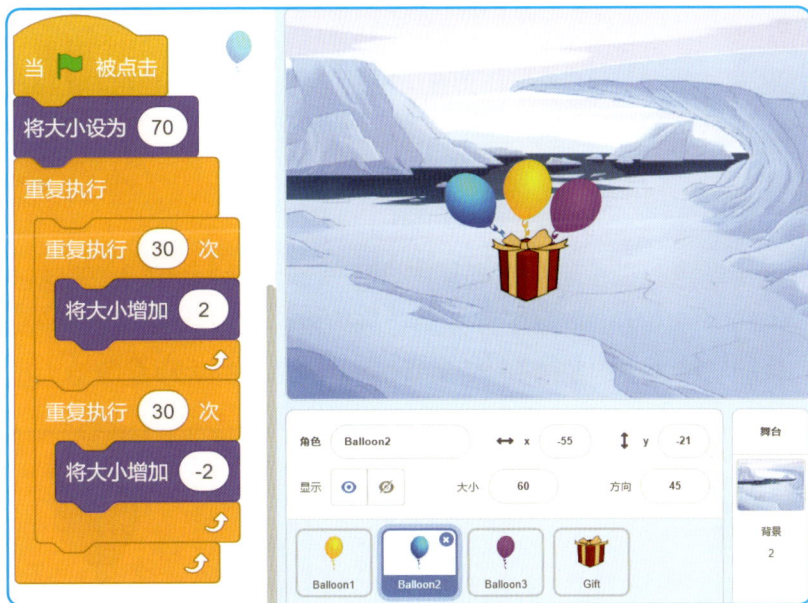

本节主要用到下面这些积木。

积　　木	作　　用	提　　示
将大小设为 100	设置角色大小	将角色的大小设置为一个指定值。其中的参数为百分比，将大小设为 100，就是将角色设置为原始大小。如果将大小设置为 50，也就是将角色大小设置为原来的一半

续表

积　木	作　用	提　示
将大小增加 10	改变角色大小	参数为百分比，正负值均可。若为正值，角色将变大；若为负值，角色将变小。参数的数值越大，变化幅度越大
移到最 前面 ▼	将角色放到最前面	该积木的参数有两个选项，移到最"前面"或移到最"后面"。当多个角色叠在一起时，可以使用此积木指定放在最前面，或最后面的角色。放在最前面的角色不会被其他角色遮挡，而放在最后面的角色不能遮挡其他角色
将y坐标增加 10	让角色上下移动	该积木的参数为角色竖直方向移动的距离，也就是 y 坐标，正负值均可。如果为正值，角色将向上移动；如果为负值，则向下移动。参数的数值越大，每次移动的距离就越大

1．让角色变大变小

Step1 首先选择角色。在【所有】类别中选择气球【Balloon1】，气球被加入到舞台中央。当选中角色后，舞台下面的角色列表中会列出角色名称、坐标、大小、方向等。目前气球大小的数值为 100，代表目前气球的大小是原始大小的 100%。

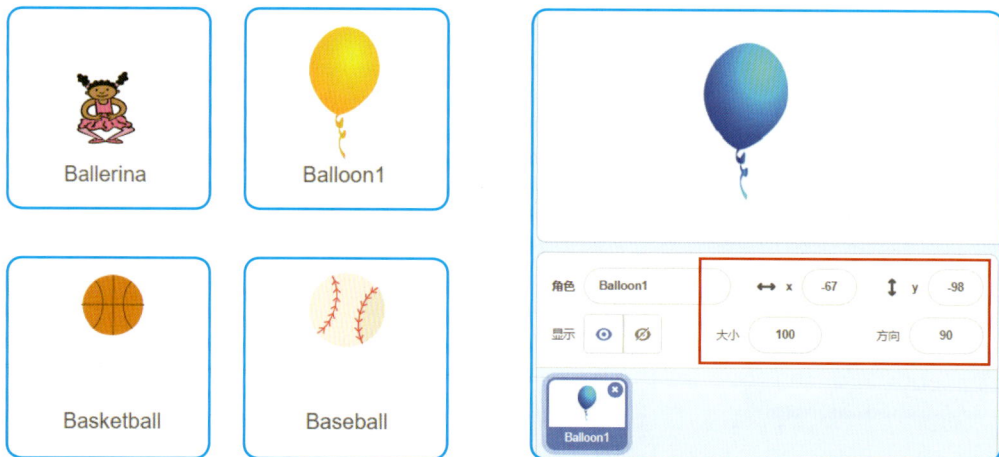

Ballerina　　　Balloon1

Basketball　　　Baseball

角色　Balloon1　　　↔ x　-67　　　↕ y　-98

显示　👁 ⊘　　　大小　100　　　方向　90

Balloon1

Step2 现在可以设置气球的大小。单击窗口左上角的【代码】/【外观】类别，拖动【将大小设为100】积木到编程区，并将其中的参数改为70。

Step3 单击积木，可以看到气球缩小了，角色列表中也显示气球的大小为原始尺寸的70%。

Step4 我们还可以改变气球的大小。单击窗口左上角的【代码】/【外观】类别，拖动【将大小增加10】积木到编程区，并将其中的数值改为2。

Step5 单击积木，可以看到气球稍微变大了一些，事实上，这个积木的作用就是使气球的大小增加原始大小的2%。不停地单击积木，气球继续变大，从角色列表中也可以看到气球的大小变化。

Step6　现在，我们让气球的大小持续变化。使用【重复执行 10 次】积木，把【将大小增加 2】包裹起来，并将重复执行次数改为 30 次。单击【重复执行 30 次】积木，可以看到气球逐渐变大。

```
重复执行 30 次
  将大小增加 2
```

Step7　然后用同样的方法再让气球逐渐变小。将【重复执行 30 次】及包裹的【将大小增加 2】积木复制一套，并将复制的【将大小增加 2】改为【将大小增加 -2】。单击【重复执行 30 次】积木，可以看到气球先逐渐变大，然后又逐渐变小。

```
重复执行 30 次
  将大小增加 2

重复执行 30 次
  将大小增加 -2
```

Step8　现在让气球不断地变化大小，拖动【重复执行】积木到编程区，把两套【重复执行 30 次】积木块包裹起来。单击【重复执行】积木，可以看到气球逐渐变大，之后逐渐变小，然后又变大、变小，不断循环。

```
重复执行
  重复执行 30 次
    将大小增加 2

  重复执行 30 次
    将大小增加 -2
```

Step9　最后添加一个开关。单击窗口左上角的【代码】/【事件】类别，添加【当 🏳 被点击】积木。单击绿旗 🏳，可以看到气球的大小先变成原始大小的 70%，然后逐渐变大，最大可以达到原始大小的 130%，之后开始缩小，逐渐恢复到原始大小的 70%。气球的大小在原始大小的 70% 和130% 之间来回变化。

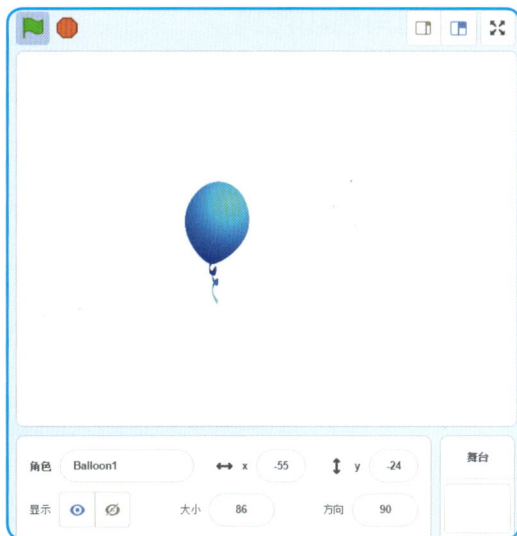

2. 复制角色和代码

小朋友们，画面上只有一只气球是不是有点孤独？我们再增加两只气球吧。

Step1 选中角色列表中的气球【Balloon1】，单击鼠标右键，在弹出的菜单中单击【复制】选项，第二只气球角色就出现在角色列表中，并且被命名为【Balloon2】。

从角色列表中复制角色的一个好处就是，第一只气球的代码也一起复制过来了。

Step2 使用同样的方法，再复制一只气球，这样，我们就有了 3 只气球，而且每只气球都有一段相同的代码。

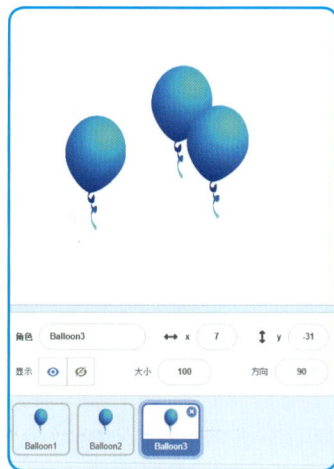

Step3 在角色列表中选中一只气球后，单击【代码】/【造型】模块，可以看到气球有 3 个造型，分别为 3 种颜色。系统默认选择第一个造型，即蓝色的气球，此时蓝色的气球造型处于高亮状态。

Step4 给 3 只气球分配不同的颜色，让它们有所区别。在角色列表中选中第二只气球【Balloon2】，在【代码】/【造型】模块中单击第二个造型，此时第二只气球变成黄色，用同样的方法，为第三只气球选择第三个造型，这样就拥有 3 只不同颜色的气球了。

💡 目前这 3 只气球的代码完全相同，单击绿旗 🚩 后，3 只气球的初始大小和变化速度完全相同，看起来有些呆板，我们可以对代码做一些修改，让它们灵活一些。

Step5 在角色列表中选中第二只气球【Balloon2】，打开【代码】模块，修改代码中的参数，让【Balloon2】的初始大小更小一些，变化速度也慢些。用同样的方法，修改第三只气球的代码，【Balloon3】的初始大小会更小一些，但是变化速度却加快了。这样就有了生动的效果。

Step6 单击绿旗 🚩，舞台中3只不同颜色不同大小的气球，不断地变大变小，变化速度各不一样，非常有趣。

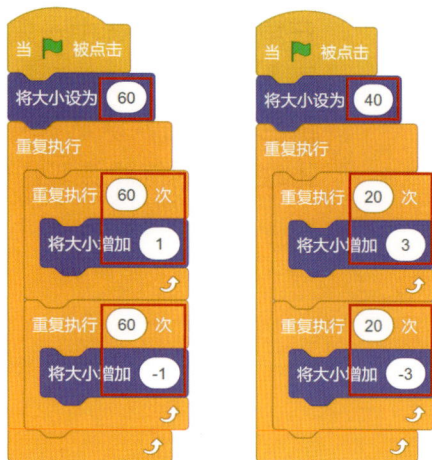

实用锦囊

　　我们已经知道，在角色列表中复制角色，可以把相同的角色和代码复制一套。如果有两个不同的角色，代码可以方便地复制吗？也有办法。

　　比如我们已经为角色A编写了代码，想让角色B套用角色A的代码，可以先在角色列表中复制角色A，这个复制的角色A'也有一套和A完全相同的代码。

　　接着，在角色列表中选中角色A'，单击【代码】/【造型】模块，模块的下面有一个猫头图像的按钮，即为选择一个造型的按钮，如右图所示。单击，打开系统预置的所有角色造型，选择角色B的造型后，再将原来复制的角色A'造型删除，只剩下角色B的造型。

　　这样，我们原先在角色列表中的角色A'就换成了角色B，而角色B的代码和角色A完全相同，在此基础上修改，就不需要重新编写一套代码了。

3. 添加配角和背景

上一节中，我们已经制作了 3 只不同颜色并且不断变化大小的气球，现在，让我们为 3 只气球添加上礼品盒，再配置上背景吧。

Step1 添加礼品盒的角色。在【所有】类别中选择【Gift】，礼品盒被加入到舞台中央。

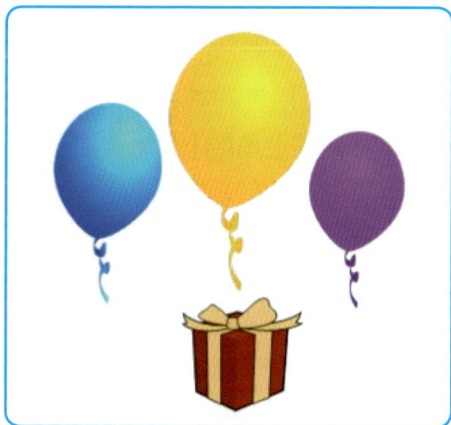

Fruit Salad　　Ghost　　Gift　　Giga

Step2 用鼠标拖动各角色的位置，让它们聚拢到一起。在角色列表中选中一个角色之后，角色列表上方会显示出角色的位置（坐标）、大小和方向等。初始状态下，所有角色的方向都是 90 度，选中第一只气球，把【Balloon1】的方向改成 45，把【Balloon3】的方向调整为 120，3 只气球就形成一束气球了。但是，气球的彩带还飘在礼品盒的前面，需要修改。

Step3 在角色列表中选中【Gift】，针对礼品盒角色编程。单击窗口左上角的【代码】/【外观】类别，拖动【移到最前面】积木到编程区。单击积木，可以看到礼品盒把气球彩带遮挡住了。

Step4 现在，我们再让礼品盒在气球的带动下轻微地上下振动，表现出飘动的效果。单击窗口左上角的【代码】/【运动】类别，拖动【将 y 坐标增加 10】积木到编程区，并将其中的数值改为 1。单击积木，可以看到礼品盒稍微向上移动了一点点。

Step5　将【将 y 坐标增加 1】积木复制，并将其改为【将 y 坐标增加 –1】，然后插入【等待 0.1 秒】积木。这样，礼品盒将会过 0.1 秒后向下移动一点点，0.1 秒很短，礼品盒就会产生连续的效果了。

| 将y坐标增加 1 |
| 等待 0.1 秒 |
| 将y坐标增加 -1 |
| 等待 0.1 秒 |

Step6　让礼品盒的上下振动重复 100 次。使用【重复执行 10 次】积木将上述积木块包裹起来，并将重复执行的次数改为 100。单击【重复执行】积木，可以看到礼品盒频繁地上下振动。

| 重复执行 100 次 |
| 　将y坐标增加 1 |
| 　等待 0.1 秒 |
| 　将y坐标增加 -1 |
| 　等待 0.1 秒 |

Step7　单击窗口左上角的【代码】/【事件】类别，添加【当 ▣ 被点击】积木。单击绿旗 ▣，可以看到舞台中 3 只不同颜色不同大小的气球，不断地变大变小，变化速度也不一样，而礼品盒似乎在气球的带动下微微振动，十分逼真。

| 当 ▣ 被点击 |
| 移到最 前面 ▾ |
| 重复执行 100 次 |
| 　将y坐标增加 1 |
| 　等待 0.1 秒 |
| 　将y坐标增加 -1 |
| 　等待 0.1 秒 |

Step8　最后，给小动画增加漂亮的背景。打开系统背景库，在【户外】类别中选择北极圈【Arctic】，选中的背景被加入到舞台。冰天雪地与色彩绚丽的气球相映成趣，好看极了。

Arctic

Baseball 1

Baseball 2

Basketball 1

扩展训练

试试把改变大小和上一节学的增加特效结合起来，看看会有什么效果？

听话的小螃蟹

　　到目前为止，我们制作的小动画都是按照程序的指令运行。现在，我们来制作一个可以互动的小游戏动画，当程序开始运行后，动画中的角色会按照给出的指令移动。

　　小朋友们，想象一下，在蔚蓝的大海中，在美丽的珊瑚、海星、海藻之间，有一只红色的小螃蟹，只要我们发出指令，小螃蟹就会按我们指定的方向移动，有这么一个听话的小伙伴，是不是很开心呢。

听话的小螃蟹

　　让我们先来整理一下这个动画的制作思路：

1. 添加小螃蟹角色和海底世界背景；
2. 增加侦测方向键事件的代码，按下方向键后，触发小螃蟹运动；
3. 增加让小螃蟹变换造型的代码，让小螃蟹在运动过程中变换造型。

先睹为快

本节主要用到下面这些积木。

积 木	作 用	提 示
当按下 → ▼ 键	按下某个键可以触发一段程序的运行	为一个事件（这里就是按下某个按键）预定义一系列代码，当这个事件发生了（按下了这个按键），就会触发这一段代码的执行，否则不执行
将x坐标增加 10	让角色左右移动	积木中的参数表示角色横向移动的距离，其中的 10 可换为其他数，正负值均可。如果为正值，角色将向右移动；如果为负值，则向左移动
将y坐标增加 10	让角色上下移动	表示角色竖直方向移动的距离，与上一积木类似

1. 添加角色和背景

Step1 首先选择角色。在【动物】类别中选择螃蟹【Crab】。螃蟹被加入到舞台中央。

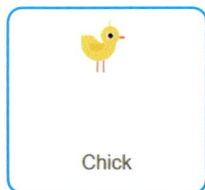

Chick

Crab

Dinosaur1

Dinosaur2

Step2 然后添加背景。在【水下】类别中选择水下图片【Underwater1】，小螃蟹身后的舞台就变成了美丽的水底世界。

Underwater 1

Underwater 2

2. 添加方向键事件

Step1　单击窗口左上角的【代码】/【事件】类别，拖动【当按下空格键】积木到编程区。单击积木中"空格"旁边的小三角符号 ▽，将打开一个下拉菜单，菜单中有空格、方向键、任意以及英文字母等多个选项。将"空格"改选为左方向键 ← 。

Step2　单击窗口左上角的【代码】/【运动】类别，拖动【将 x 坐标增加 10】积木到编程区，将其中的数值改为 −10，放在【当按下 ← 键】下面。

Step3 按一下键盘上的左方向键，可以看到小螃蟹向左水平移动一段距离；不停地按下左方向键，可以看到小螃蟹不停地向左移动。

Step4 用鼠标右键单击【当按下←键】积木，在弹出的菜单中选择【复制】，将复制的积木修改为【当按下→键】和【将 x 坐标增加 10】。

Step5 类似的，单击窗口左上角的【代码】/【运动】类别，拖动【将 y 坐标增加 10】积木到编程区，复制积木块，再制作两套代码，分别为【当按下↑键】【将 y 坐标增加 10】和【当按下↓键】【将 y 坐标增加 – 10】。

Step6 分别按下上、下、左、右方向键，可以看到，小螃蟹完全按照我们的指令在舞台上下左右移动。

3. 变换造型

Step1 选择小螃蟹角色，打开【造型】模块，可以看到小螃蟹有两个造型，分别为大钳子夹紧和张开的造型，为了让小螃蟹移动时有动态效果，就像人走路的左右脚一样，我们为小螃蟹增加一个每隔 0.5 秒就变换造型的代码。

Step2 单击绿旗 🚩，小螃蟹的大钳子一张一合，当我们按下方向键，小螃蟹就会张牙舞爪地向指挥的方向移动，很听话哦！

🎯 扩展训练

　　试试把角色和背景改变一下，比如，角色换成飞翔的蝙蝠，背景换成星空，快来试试吧！

🌸 时空隧道中的河马

　　"洞中方一日，世上已千年。"

　　这句话说的是当世人巧遇神仙，只与他们待上一会，再返回人间时，人间早已过了几十年，甚至几千年。世界上虽然不存在神仙，但是我们可以模拟时间隧道的动画。想象一下，如果能够在时间隧道中穿梭，回到过去，见证发生过的历史事件，或者穿越到未来，见识社会的变迁，该是多么激动人心啊！

　　现在，就让我们创造一个在时间隧道中穿梭的河马吧，让它在变幻的背景下时隐时现，穿梭而来吧！

　　让我们先来整理一下这个动画的制作思路：

1. 添加河马角色；
2. 让河马时隐时现，出现时还伴随着嘶鸣声；

时空隧道中的河马

3. 让河马在出现时左右旋转，表现飞行穿梭的姿态；

4. 添加时空隧道的背景，并为背景增加魔幻的特效。

先睹为快

部分动画效果如下。

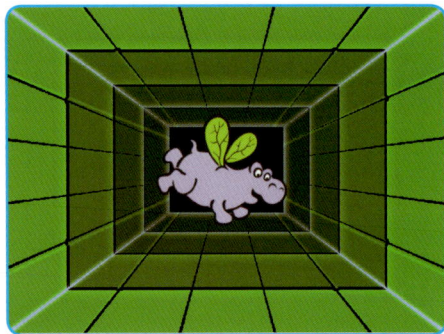

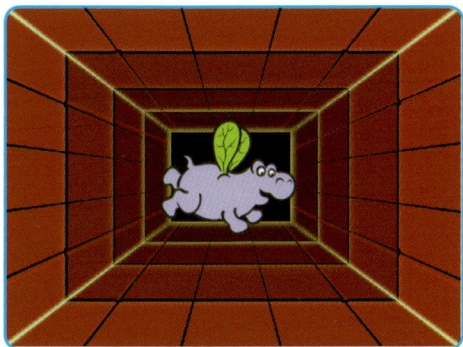

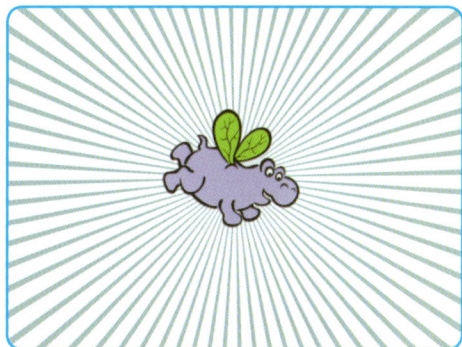

本节主要用到下面这些积木。

积　木	作　用	提　示
显示	显示角色	角色是否显示、显示多长时间，这两者都与图层位置有关系，需要显示的角色应被设置为最前面的图层
隐藏	隐藏角色	如果希望角色在某事件触发时才显示出来，需要在程序开始时隐藏角色
播放声音 Moo ▼	播放声音，并且在播放的同时向下执行其他积木	选择一个声音以后，用该积木可以把它播放出来，并且不需要等待播放完毕，直接向下执行其他积木
左转 ↺ 15 度	执行一次，可以让角色向逆时针方向旋转 15 度	通过更改【造型】中角色与中心点的位置关系，可以方便地更改旋转的中心
右转 ↻ 30 度	执行一次，可以让角色向顺时针方向旋转 15 度	通过更改【造型】中角色与中心点的位置关系，可以方便地更改旋转的中心
下一个背景	将舞台背景变换为下一个背景	当背景列表加入了多个背景时，使用【下一个背景】积木，可以将舞台背景按顺序变换，循环变化舞台背景，动画效果将会精彩纷呈

1. 让角色时隐时现

Step1　首先选择角色。在【动物】类别中选择河马【Hippo1】，河马角色就被加入到舞台中央。

Hedgehog　　Hen　　Hippo1　　Horse

Step2　单击窗口左上角的【代码】/【外观】类别，拖动【显示】和【隐藏】两个积木到编程区。

显示　　隐藏

Step3　单击【隐藏】积木，舞台中的河马消失了；单击【显示】积木，河马又重新出现在舞台中。交替单击【隐藏】积木和【显示】积木，可以看到河马在舞台上时隐时现。

Step4　让河马反复地隐藏和显示。使用【重复执行】积木，把【显示】积木和【隐藏】积木包裹起来，并在中间插入【等待 1 秒】的积木。

Step5　单击【重复执行】积木，可以看到河马每隔 1 秒在舞台上出现一下，出现的时间也是 1 秒，不断重复。

重复执行
显示
等待 1 秒
隐藏
等待 1 秒

　　让声音伴随着河马出现是不是更有趣？现在让我们来为河马添加声音吧！

Step6　打开系统声音文件库，在【动物】类别中选择牛叫声【Moo】，声音文件被加入到声音列表中。

| Meow2 | Moo | Owl | Rooster |

Step7　单击【代码】/【声音】类别，拖动【播放声音……】积木到编程区，并单击下拉菜单，把声音文件换成我们选择的【Moo】。

播放声音　Moo ▼

Step8　将【播放声音……】积木放在【显示】积木下面，并将等待时间改为 1.2 秒，即声音的播放时长。单击窗口左上角的【代码】/【事件】类别，添加【当 ▶ 被点击】积木。

当 ▶ 被点击

重复执行

隐藏

等待 1 秒

显示

播放声音　Moo ▼

等待 1.2 秒

　　现在，我们要让河马在出现时不停地变换造型，翅膀扇动起来才会有飞行的效果。

Step9　打开【造型】模块，可以看到河马有两个造型，分别为翅膀张开和合起的造型。
为河马增加一个每隔 0.1 秒变化一下造型的代码。

Step10　单击绿旗 ▶，可以看到河马出现在舞台中，时隐时现，翅膀不停扇动，每
当河马出现时都会伴随着嘶鸣声。

2. 让角色左右旋转

在上一节中，我们已经让河马时隐时现并且不停地扇动翅膀，现在，我们再让河马左
右来回旋转。

Step1　单击窗口左上角的【代码】/【运动】类别，拖动【右
转 15 度】积木到编程区，并将其中的参数 15 改成 1。

Step2　单击积木，可以看到河马顺时针转
动了一点点。不停地单击积木，可
以看到河马不停地顺时针旋转。

Step3 让河马持续向右旋转。使用【重复执行 10 次】积木，把【右转 1 度】积木包裹起来。单击【重复执行 10 次】积木，可以看到河马缓慢地顺时针旋转，总共转了 10 度。

Step4 再让河马持续向左旋转。单击窗口左上角的【代码】/【运动】类别，拖动【左转 15 度】积木到编程区，并将其中的参数 15 改成 1。使用【重复执行 10 次】积木，把【左转 1 度】积木包裹起来，与【右转 1 度】积木结合。

💡 单击【重复执行 10 次】积木，可以看到河马缓慢地顺时针旋转 10 度之后，又逆时针旋转回来，恢复正常。

Step5 让河马的左右旋转重复进行。使用【重复执行】积木，把两套【重复执行 10 次】积木块包裹起来。单击【重复执行】积木，可以看到河马不停地左转右转。

Step6　单击窗口左上角的【代码】/【事件】类别，添加【当 ▶ 被点击】积木。结合上一节的代码，单击绿旗 ▶，可以看到河马出现在舞台中，不停扇动翅膀，身体也来回旋转，而且时隐时现，每当河马出现时还伴随着嘶鸣声。

3.　让背景变化

下面我们为时隐时现的河马选择两个背景，让河马在时空隧道中穿梭飞行。

Step1　打开系统背景库，在【太空】类别中选择霓虹隧道【Neon Tunnel】作为背景，在【图案】类别中选择射线【Rays】作为背景。

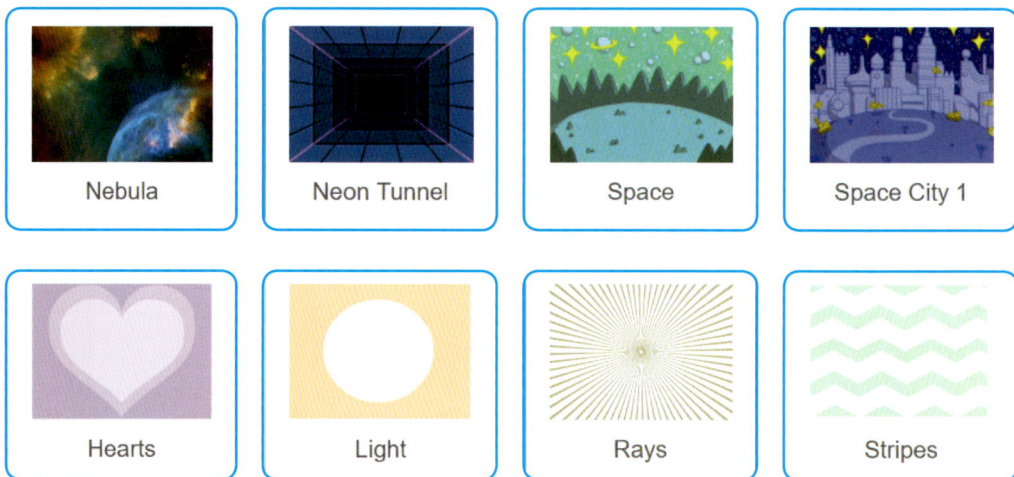

Nebula	Neon Tunnel	Space	Space City 1
Hearts	Light	Rays	Stripes

Step2 打开【背景】模块，可见两个背景被加入到背景列表中。

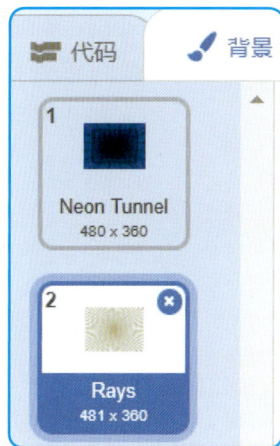

Step3 单击窗口左上角的【代码】/【外观】类别，拖动【下一个背景】积木到编程区。

💡单击积木，可以看到舞台的背景从【Neon Tunnel】换成了【Rays】，再次单击积木，舞台的背景又从【Rays】切换回了【Neon Tunnel】。

Step4 让背景重复变换。使用【重复执行】积木，把【下一个背景】积木块包裹起来。为避免背景切换得太快，再在代码中插入【等待1秒】积木，将其中的1改为0.5。

💡单击【重复执行】积木，可以看到舞台的背景在【Neon Tunnel】和【Rays】之间来回变换。

Step5 下面接着给背景添加一些颜色特效。在【代码】/【外观】类别中选取【将颜色特效增加 25】积木，拖动到编程区，放在【下一个背景】积木下面，并将其中的 25 改成 10。

Step6 单击【重复执行】积木，可以看到舞台的背景在【Neon Tunnel】和【Rays】之间来回变换，而且背景的颜色也在不断地变化。

Step7 单击窗口左上角的【代码】/【事件】类别，添加【当 ▶ 被点击】积木。结合上两节的代码，单击绿旗 ▶，伴随着嘶鸣声，河马出现在舞台中，时隐时现，翅膀不停扇动，身体也来回旋转，同时舞台也一直在变换背景和颜色。

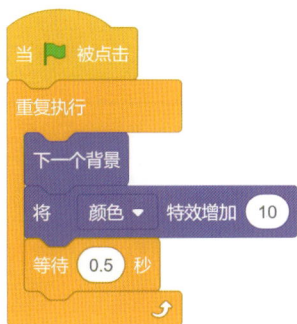

当 ▶ 被点击
重复执行
　下一个背景
　将 颜色 ▼ 特效增加 10
　等待 0.5 秒

🎯 扩展训练

试试把使用方向键和显示、隐藏结合起来，比如按下任意键显示，按下空格键隐藏，小朋友们试试看吧!

✿ 调皮的小河豚

鸟儿在天空中自由地飞翔，鱼儿在海里逍遥自在地游泳。美丽的大自然中，一切生物都是如此生机勃勃，活力四射。

小朋友们，我们已经完成过让鸟儿飞翔的动画，也会让小螃蟹按照指定的方向和速度移动。现在，让我们制作一只滑行的小河豚，与小螃蟹不同的是，我们不指定河豚滑行的方向和速度，而是指定滑行的目的地和滑行的时间，一起来尝试吧!

调皮的小河豚

让我们来整理一下这个动画的制作思路:
1. 添加一只小河豚和水底世界背景;
2. 在舞台上选定几个点作为河豚滑行的目的地，让河豚在规定的时间内到达;
3. 让河豚在几个目的地之间来回滑行;
4. 给河豚和水底世界增加颜色特效。

先睹为快

本节会用到下面这些积木。

积　木	作　用	提　示
移到 x: 0 y: 0	让角色在指定位置显示	让角色可以在舞台横向范围最左侧（$x=-240$）到最右侧（$x=240$），竖向范围最顶部（$y=180$）到最底部（$y=-180$）之间移动。如果角色坐标不在这个范围，程序不会出错，只是我们看不到这个角色
在 1 秒内滑行到 x: -58 y: -84	让角色在规定时间内从原所在位置移动到指定位置	第一个参数为移动时间，单位为秒，数值越短，角色移动速度就越快。后面两个参数是指定位置的坐标，也就是希望角色到达的位置

1．添加角色和背景

Step1　首先选择角色。在【动物】类别中选择河豚【Pufferfish】。河豚被加入到舞台中央。

Penguin 2　　　　Polar Bear　　　　Pufferfish　　　　Puppy

Step2　添加背景。在【水下】类别中选择水下图片【Underwater2】，河豚背后就出现了美丽的水底世界。

Underwater 1　　　　Underwater 2

2．让角色滑来滑去

Step1　在角色列表中选中【Pufferfish】，使角色处于高亮状态。

💡 观察积木块调色盘，在【代码】/【运动】类别的积木中，有两个与坐标相关的积木，分别为【移到 x: -101 y: -110】和【在 1 秒内滑行到 x: -101 y: -110】。x、y 后面的数值 -101 和 -110 即为所选中的角色，也就是河豚的实时坐标值，它代表了河豚在舞台上所处的位置。

　　用鼠标指针拖动舞台中的河豚，改变它的位置，这两个积木中的坐标值也随之改变，与河豚的实时坐标完全一致，河豚的坐标也可以在角色列表中查看。

Step2 用鼠标指针将河豚拖动到舞台上的某一点，此时角色列表中显示它的坐标是 x=-32、y=-120，而积木块调色盘中相关积木的值也显示为【移到 x: -32 y: -120】，将此积木拖到编程区。

Step3 用鼠标指针拖动河豚，改变它在舞台中的位置。此时角色列表中显示它的坐标已经不是 x=-32、y=-120 了，积木块调色盘中【移到 x: y: 】中的数值也改变了，但是编程区的积木中数值不变，仍然是【移到 x: -32 y: -120】。单击此积木块，河豚又回到了舞台上坐标为 x=-32、y=-120 的位置。

Step4 同样，我们用鼠标指针把河豚拖到希望它去的位置，此时积木块调色盘中，【在 1 秒内滑行到 x: 187　y: 49 】积木中显示的数值为 $x=187$、$y=49$，即希望它去的位置坐标。把该积木拖到编程区后，单击该积木，此时，无论河豚在什么位置，它都会在一秒内回到坐标 $x=187$、$y=49$ 的位置。

Step5 下面为河豚设计一个三角形的轨迹，让河豚沿着三角形滑行。将河豚依次拖到三角形的三个顶点，每到一个顶点，就将积木块调色盘中【在 1 秒内滑行到 x: ……　y: …… 】积木拖到编程区，积木中的数值也就是设计的三角形顶点的坐标，总共拖 3 次。

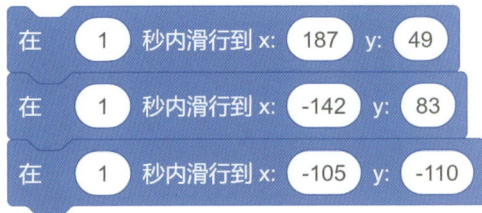

Step6 单击第一个积木，可以看到无论河豚在什么位置，都会在 1 秒内先移动到 $x=187$、$y=49$ 的位置，之后 1 秒内移动到 $x=-142$、$y=83$ 的位置，最后来到 $x=-105$、$y=-110$ 的位置。

Step7 现在，让河豚循环滑行。使用【重复执行】积木，把这 3 个积木包裹起来。单击【重复执行】积木，可以看到河豚依次移动到这 3 个点并且不断循环。

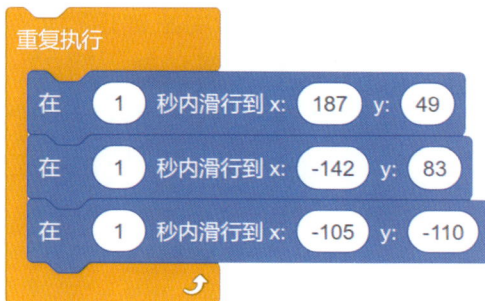

```
重复执行
    在 1 秒内滑行到 x: 187 y: 49
    在 1 秒内滑行到 x: -142 y: 83
    在 1 秒内滑行到 x: -105 y: -110
```

Step8 单击窗口左上角的【代码】/【事件】类别，添加【当 🚩 被点击】积木。单击绿旗 🚩，可以看到，河豚首先出现在 $x=-32$、$y=-120$ 的位置，然后在一个三角形的轨迹上不断滑行。

```
当 🚩 被点击
移到 x: -32 y: -120
重复执行
    在 1 秒内滑行到 x: 187 y: 49
    在 1 秒内滑行到 x: -142 y: 83
    在 1 秒内滑行到 x: -105 y: -110
```

3. 变换造型和背景

上一节，我们让河豚不停地滑来滑去。现在，我们让河豚在移动的同时还能变换造型和颜色，制造出奇妙的效果。

Step1 单击【造型】模块，可以看到河豚有 4 个造型。为河豚增加一个每隔 0.5 秒变化一下造型的积木，并且改变颜色特效的增加数值。

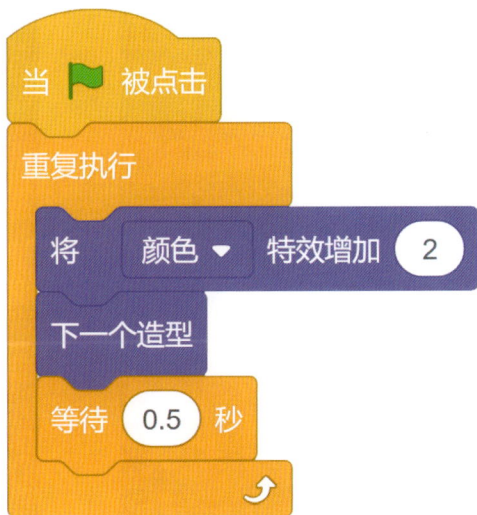

Step2　单击绿旗 🚩，可以看到，河豚一边变化造型和颜色，一边在一个三角形的轨迹上滑行。

Step3　最后给背景也增加一些颜色特效。选中舞台下方的【背景】，添加【重复执行】和【将颜色特效增加 1】积木。单击绿旗 🚩，可以看到，河豚一边变化造型和颜色，一边在一个三角形的轨迹上滑行，同时，背景的颜色也在不断变化。

最终的动画效果如下。

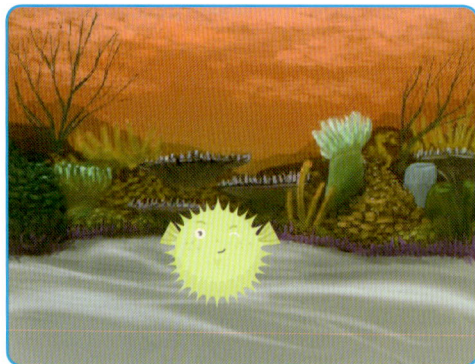

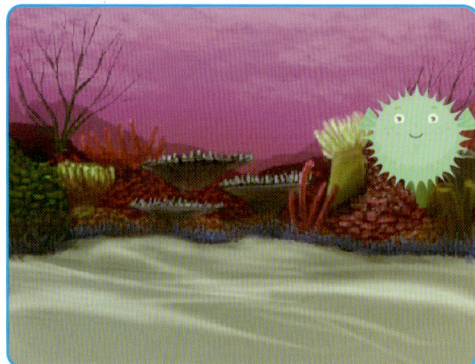

3

第三部分
综合实践

　　小朋友们，奇妙的动画编程之旅来到下一站了。在掌握了Scratch的编程代码和主要功能之后，我们要把之前学过的知识融会贯通起来，完成一个相对复杂的大动画。希望小朋友们在这里能够充分发挥自己的想象力和创造力，创作出独树一帜的作品，尽情地享受编程的快乐。

　　这一部分是一个综合实践，是在一个复杂的大动画上完成任务。小朋友们可以先扫码玩这个动画，熟悉编程意图后，再打开待做任务的动画工程文件，按照书上要求，把缺少的功能补充进来。小朋友们在做任务的过程中需要综合运用之前所学的编程代码，从而进一步掌握编程技巧，争取开阔眼界，增长见识。

第 **4** 章

奇妙的动物园

今天，我们来到了青青森林动物园，要好好游览一下动物园，不过，除了游览，我们还带着任务，请小朋友们按照书中的指引完成这些任务吧。

打开配套文件中的【奇妙的动物园】工程文件，找到【动物园之旅完整版 .sb3】和【动物园之旅任务版 .sb3】。其中，【动物园之旅完整版 .sb3】是一个完整的程序，小朋友们还可以通过按键控制小动物运动，而【动物园之旅任务版 .sb3】中包含 8 个小任务，小朋友们需要完成这 8 个小任务才能把【动物园之旅任务版 .sb3】补充完整。一起往下看吧！

动物园之旅

在 Scratch 离线编辑器中，单击【文件】/【从电脑中上传】，找到【动物园之旅完整版 .sb3】并打开，小朋友们可以先尝试玩一下，再跟着书上的步骤完成任务。

1. 单击绿旗 🚩，运行文件，首先可以看到背景是动物园全景，一只小猴子出现在舞台中。

2. 接着，画面中出现了【按键说明】，同时背景更换为【动物园 2】，狐狸也出现在舞台中。

3. 小朋友们可以根据按键说明，使用方向键，让小猴子移动到狐狸身边。当狐狸看到小猴子来到身边后，主动和小猴子打招呼，交谈了几句。

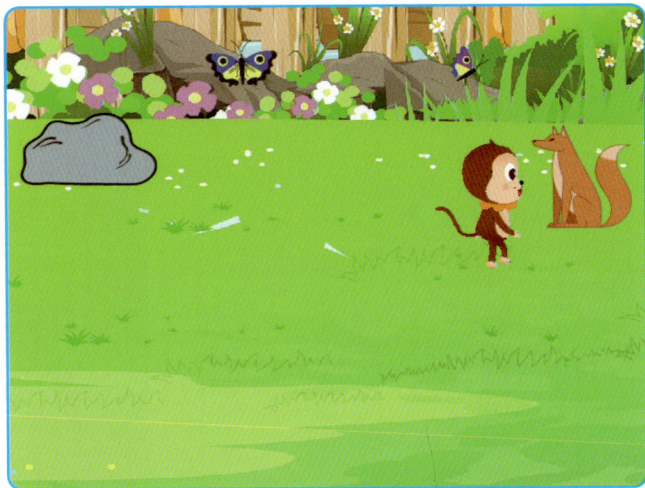

4. 狐狸离开后，斑马走了过来，与小猴子进行了一段对话。

5. 小猴子骑上斑马离开，背景更换成【动物园3】。斑马带着小猴子来到长颈鹿面前，与长颈鹿交谈。

6. 这时候，画面中出现【按键说明】，小朋友们可以通过不同的按键，控制小猴子在斑马和长颈鹿之间来回跳跃。

7. 小猴子玩耍了一会儿后，背景更换成【动物园 4】，长颈鹿和斑马带着小猴子离开。

8. 接着，背景更换成【动物园 5】，小猴子与长颈鹿和斑马告别后，独自站在草地上，这时，一只小兔子朝小猴子跑过来，到小猴子面前停了下来。

9. 小兔子停留片刻后，离开小猴子渐行渐远，身形也慢慢变小，留下小猴子在原地。

　　小朋友们，现在你已经了解了完整的故事流程，请在 Scratch 离线编辑器中，单击【文件】/【从电脑中上传】，找到【动物园之旅任务版 .sb3】打开，开始做任务吧。

任务 1：帮助小猴子运动

　　在动物园中，你可以通过按键盘上的方向键（↑、←、→）让小猴子向上、左、右方向走，试一试这几个键。这时候，按下↓键，会发现小猴子并不动。

任务公布

请找到小猴子的代码，其中有处理这几个方向键的程序，加上几条代码，帮助小猴子向下走。

如果小朋友顺利完成了任务，请直接阅读下一节的任务 2。

如果小朋友暂时不知道怎么办，可以回头看看前面"听话的小螃蟹"一节，然后再试一次，或者跟随下面操作。

跟我学

Step1 在角色列表中单击小猴子【Monkey】角色，选中它。

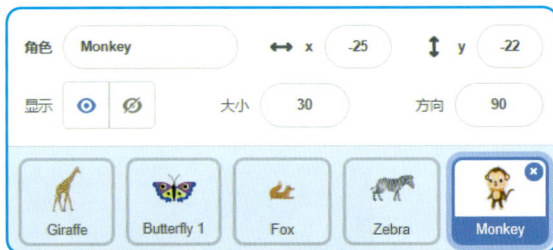

| 角色 | Monkey | ↔ x | -25 | ↕ y | -22 |

| 显示 | ◉ ∅ | 大小 | 30 | 方向 | 90 |

Giraffe　Butterfly 1　Fox　Zebra　Monkey

Step2 单击左上角的【代码】模块，找到图中按方向键的代码。

当按下 ↑ 键
将y坐标增加 30
小猴子的造型变化
面向 90 方向

当按下 ← 键
将x坐标增加 -40
小猴子的造型变化
面向 -90 方向

当按下 → 键
将x坐标增加 40
小猴子的造型变化

Step3 在编程区加入右图所示积木，表示每按一次↓键时，小猴子的纵坐标就减少 30，也就是向下走 30 个坐标单位的距离，并且让小猴子的腿有走的造型变化，同时不改变面部的朝向。

当按下 ↓ ▼ 键
将y坐标增加 -30
小猴子的造型变化
面向 90 方向

Step4 现在，【当按下↓键】积木组已经添加好了，单击绿旗 🚩 后，小猴子就可以听从我们的指挥，上下左右都可以走动了。

当按下 ↑ ▼ 键
将y坐标增加 30
小猴子的造型变化
面向 90 方向

当按下 ↓ ▼ 键
将y坐标增加 -30
小猴子的造型变化
面向 90 方向

当按下 ← ▼ 键
将x坐标增加 -40
小猴子的造型变化
面向 -90 方向

当按下 → ▼ 键
将x坐标增加 40
小猴子的造型变化
面向 90 方向

给小朋友的话

　　这里 "-30" 就是 "减 30" 的意思，每按一次向下的按钮↓，小猴子的 y 坐标减少 30，也即小猴子向下移了 30 个单位的距离。

　　反复使用方向键，看看移动速度是否理想，如果想更快点，可以把各个方向键的坐标增加数值都改为大于 30 的数值，比如 50。如果想更慢点，可以把各个方向键的坐标增加数值都改为小于 30 的数值，比如 20。

任务 2：帮助小猴子跳到斑马背上

　　小猴子在动物园遇到了斑马，斑马带着小猴子来到了长颈鹿面前。调皮的小猴子想到长颈鹿背上玩玩。舞台中提示：按空格键，小猴子将跳到长颈鹿背上；按 1 键，小猴子在长颈鹿背上下滑；按 2 键，小猴子回到斑马背上。

　　这时候，如果你按下空格键，小猴子就会跳到长颈鹿背上；按下 1 键，小猴子就从长颈鹿脖子上滑到长颈鹿背上；但是，按下 2 键，小猴子并没有回到斑马的背上。我们要帮助小猴子完成动作。

任务公布

　　请找到小猴子的代码，其中有处理空格键、数字 1 键事件的地方，在这里加上几条代码，帮助小猴子跳回到斑马背上。

　　如果小朋友顺利完成了任务，请直接阅读下一节的任务 3。

　　如果小朋友暂时不知道怎么办，可以回头看看前面"调皮的小河豚"一节，然后再试一次，或者跟随下面操作。

跟我学

Step1　在角色列表中单击小猴子角色，选中它。

Step2　单击左上角的【代码】模块，找到图中按数字 1 键的代码。

```
当按下  1 ▼  键
换成  左侧面坐姿 ▼  造型
在  1  秒内滑行到 x:  Giraffe ▼ 的 x 坐标 ▼ - 37  y:  Giraffe ▼ 的 y 坐标 ▼ + 49
播放声音  slidinglaugh ▼
换成  左侧面 ▼  造型
等待  0.1  秒
```

Step3 在此处加入下图所示的积木，实现每按一次 2 键，小猴子以【左侧面坐姿】的造型滑行到斑马附近，然后换成【左侧面】的造型骑在斑马背上。

Step4 现在，我们已经补上了对按数字 2 键事件的处理。单击绿旗 🏳 后，小猴子就可以听从我们的指挥，在斑马和长颈鹿身上来回跳跃了。

🐦 给小朋友的话

让小猴子跳到斑马或者长颈鹿背上，就是让小猴子的位置坐标移动到它们的坐标附近，可能在上边、左边或者右边。具体距离斑马和长颈鹿多远，可以手动调整一下。

比如，先在角色列表中，把斑马【Zebra】的坐标设置为 $x=0$、$y=0$，然后把小猴子移到斑马背上合适的位置，这时候角色列表会给出小猴子的坐标，比如 $x=1$、$y=62$。小猴子的 x 坐标比斑马大 1，y 坐标比斑马大 62，所以，当斑马的坐标是 x、y 时，骑在斑马背上的小猴子的坐标就应该是 $x+1$、$y+62$。因此，小猴子滑行后的坐标位置表示应该是斑马的 x 坐标加 1，斑马的 y 坐标加 62，用积木表示如前页所示。小朋友们尝试用同样的方法算出小猴子骑在长颈鹿背上的坐标应该如何表示吧。

🐵 任务 3：为蝴蝶增色

动物园里有两只美丽的蝴蝶，在阳光下自由自在地飞舞。动物园因为它们的存在而更加多彩，让我们为这两只蝴蝶增加一些颜色特效吧。

任务公布

请找到蝴蝶的代码，在合适的位置加上增加颜色特效的代码。

如果小朋友顺利完成了任务，请直接阅读下一节的任务 4。

如果小朋友暂时不知道怎么办，可以回头看看前面"跳舞的小女孩"一节，然后再试一次，或者跟随下面操作。

跟我学

Step1　在角色列表中单击蝴蝶【Butterfly1】角色，选中它。

角色	Butterfly 1		↔ x	106	↕ y	-78
显示	⊙	⦰	大小	30	方向	90

Giraffe　Butterfly 1　Fox　Zebra　Monkey

Step2　单击【代码】，找到图中蝴蝶重复变化造型的代码。

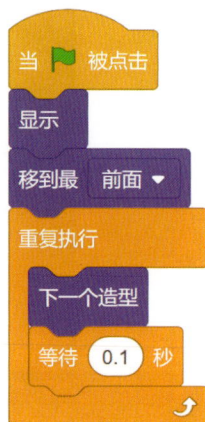

```
当 🚩 被点击
显示
移到最 前面 ▼
重复执行
    下一个造型
    等待 0.1 秒
```

Step3 在【下一个造型】积木后，增加【将颜色特效增加 25】的积木，将其中的参数 25 改为 2。

Step4 单击绿旗 🚩 后，我们将看到蝴蝶一边在动物园里飞舞，一边变换颜色，给美丽的动物园增加了几分绚丽的色彩。小朋友快用同样的方法给另一只蝴蝶【Butterfly2】也增加颜色特效吧。

当 🚩 被点击
显示
移到最 前面 ▼
重复执行
　下一个造型
　将 颜色 ▼ 特效增加 2
　等待 0.1 秒

给小朋友的话

　　如果想让颜色变化得更明显，可以把颜色特效增加的参数改成一个大于 2 的数值，也可以试试添加其他的特效，比如旋涡、虚像等，也很有趣哟！

任务 4：让斑马说话

亲自给动画片里的小动物配音，让自己的声音出现在短片里，是不是很让人激动呢？小朋友们，试试吧。

任务公布

请找找斑马的代码，把斑马说的话由你重说一遍并用麦克风录制下来制成声音文件，将原来的配音替换成自己的声音。

如果小朋友顺利完成了任务，请直接阅读下一节的任务 5。

如果小朋友暂时不知道怎么办，可以回头看看前面"为动画添加声音"一节，然后再试一次，或者跟随下面操作。

跟我学

Step1　在角色列表中单击斑马【Zebra】角色，选中它。

角色	Zebra	↔ x	46	↕ y	-24
显示	⊙　∅	大小	80	方向	64

Giraffe　Butterfly 1　Fox　Zebra　Monkey

Step2 单击【代码】，找到图中斑马和小猴子对话的代码。

> 播放声音 zebratomonkey1 ▼
>
> 说 你好，我是斑斑，你是新来的吧？ 3 秒
>
> 广播 zebratomonkey1 ▼ 并等待

Step3 【播放声音……】积木中的声音文件【zebratomonkey1】就是斑马对小猴子说的第一句话："你好，我是斑斑，你是新来的吧？"现在要为它重新配音。单击【播放声音……】积木中的 ▼，在弹出的菜单中选择【录制……】选项。

> 播放声音 zebratomonkey1 ▼
>
> 说 你好，我是斑斑，你是新来的吧？ 3 秒
>
> 广播
>
> pop
> ✓ zebratomonkey1
> zebratomonkey2
> zebratomonkey3
> 录制...

Step4 单击【录制……】后，将弹出一个【录制声音】窗口。单击窗口中的录制红色圆按钮，就可以开始录制声音了。对着麦克风说斑马的台词："你好，我是斑斑，你是新来的吧？"然后制作成声音文件，具体的方法参考第 2 章"录制一个声音"一节。

> 录制声音 ✕
>
> 点击下方的按钮开始录制
>
> ⬤
> 录制

Step5 我们将录制的声音文件保存并取名为【new1】，单击【播放声音……】积木中的▼，选择播放新录制的声音文件，将原来的文件替换掉。

> 播放声音 new1 ▼
>
> 说 你好，我是斑斑，你是新来的吧? 3 秒
>
> 广播 zebratomonkey1 ▼ 并等待

Step6 单击积木，将会听到自己的声音出现在动画中。用同样的方法，为斑马和小猴子的其他台词也配上自己的声音吧。

🐦 给小朋友的话

发挥自己的想象力，给斑马和小猴子设计出一段新的对话，再配上不同的声音，制作出一部独一无二的小短片吧。

🐵 任务 5：让小兔子蹦蹦跳跳

阳光明媚的动物园，绿树成荫，繁花似锦，小猴子、狐狸、斑马、长颈鹿和蝴蝶在这里自由自在地玩耍。为了让动物园更热闹一些，我们再添加一些小动物吧。

🧩 任务公布

先给动物园添加一只雪白可爱的小兔子，然后，让小兔子奔跑起来，从草地的左侧移动到草地中间，休息一下，继续移动到草地的右侧。

如果小朋友顺利完成了任务，请直接阅读下一节的任务 6。

如果小朋友暂时不知道怎么办，可以回头看看前面"调皮的小河豚"一节，然后再试一次，或者跟随下面操作。

跟我学

Step1 从系统角色库中将小兔子【Hare】添加到角色列表中，然后在角色列表中单击小兔子角色，选中它。

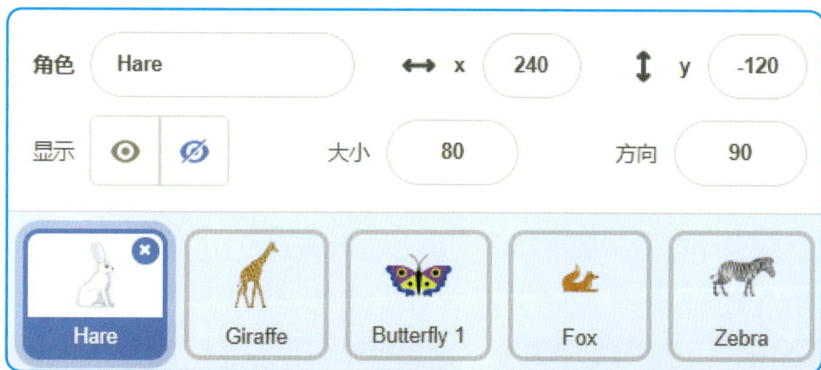

| 角色 | Hare | ↔ x | 240 | ↕ y | -120 |

| 显示 ◉ ∅ | 大小 | 80 | 方向 | 90 |

Hare   Giraffe   Butterfly 1   Fox   Zebra

Step2 首先要让小兔子出现在舞台的左下角，设置小兔子的初始位置坐标为 $x=-240$、$y=-120$，在【代码】/【运动】类别中选取【将 x 坐标设为……】和【将 y 坐标设为……】积木并拖到编程区，设置好坐标。单击积木，兔子就出现在坐标为 $x=-240$、$y=-120$ 的位置，也就是舞台左下角。

将x坐标设为 -240
将y坐标设为 -120

Step3 在【代码】/【运动】类别中将【在 1 秒内滑行到 x：…… y：……】积木拖到编程区，设置好其中的参数，搭建如右图所示的积木，让小兔子所在位置的 x 坐标在 3 秒内从 −240 增加到 0，而 y 坐标不变，

```
将x坐标设为 -240
将y坐标设为 -120
在 3 秒内滑行到 x: 0  y: y 坐标
等待 1 秒
在 3 秒内滑行到 x: 240  y: y 坐标 + 100
```

也就是让小兔子从舞台左下角水平移动到舞台中下方。休息 1 秒后，再让小兔子位置的 x 坐标从 0 增加到 240，而 y 坐标在原来的基础上增加 100，也就是让小兔子从舞台中下方斜向上移动到舞台右侧中间。

Step4 在代码的头尾分别加上【显示】和【隐藏】积木，让小兔子只在移动时才显示出来，其他时间都隐藏。

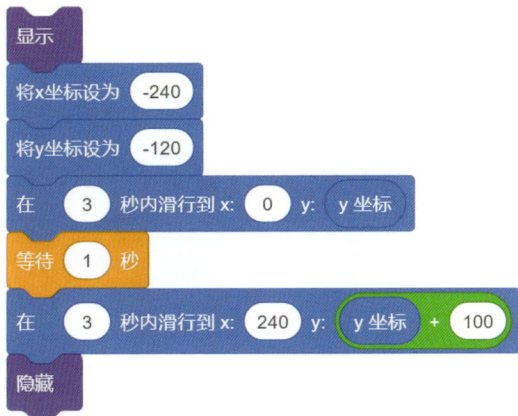

```
显示
将x坐标设为 -240
将y坐标设为 -120
在 3 秒内滑行到 x: 0 y: y 坐标
等待 1 秒
在 3 秒内滑行到 x: 240 y: y 坐标 + 100
隐藏
```

Step5 为方便调用，我们把这段代码封装成一个自制积木，也就是将这些积木合成一个大积木。单击【代码】模块中的【自制积木】类别，在积木块调色盘中选择【制作新的积木】按钮。

| 代码 | 造型 |

自制积木

制作新的积木

运动
外观
声音
事件
控制
侦测
运算
变量
自制积木

Step6 单击【制作新的积木】按钮，弹出一个【制作新的积木】窗口。输入自制积木名称【兔子运动】，单击右下角的【完成】按钮。此时，在【代码】/【自制积木】类别下，出现了一个新的积木【兔子运动】，而在编程区，则出现了一个【定义兔子运动】积木。

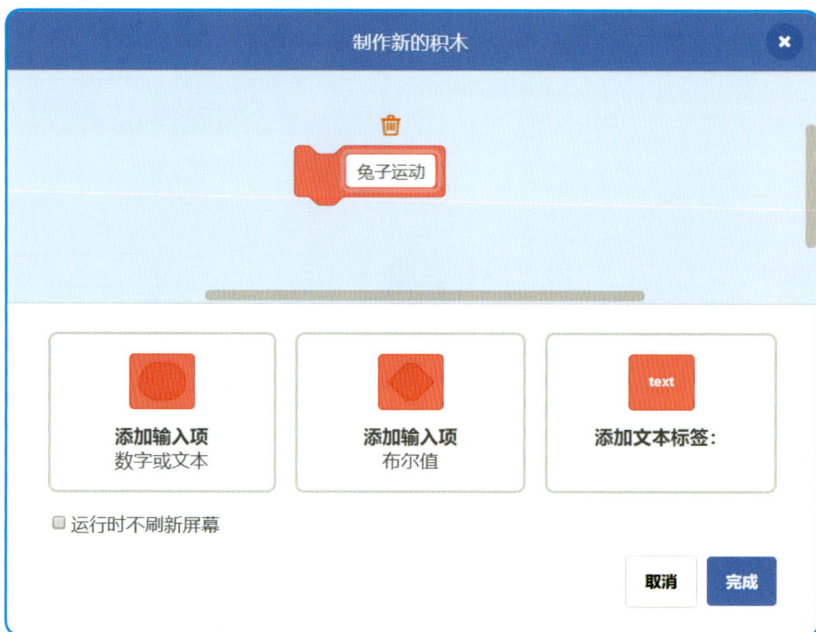

Step7 将 Step4 中的让小兔子运动的代码添加到【定义兔子运动】积木下面。这样，【兔子运动】的自制积木就制作完成了，下次就可以很方便地调用【兔子运动】这一个包含了很多小积木的大积木，缩短程序长度了。

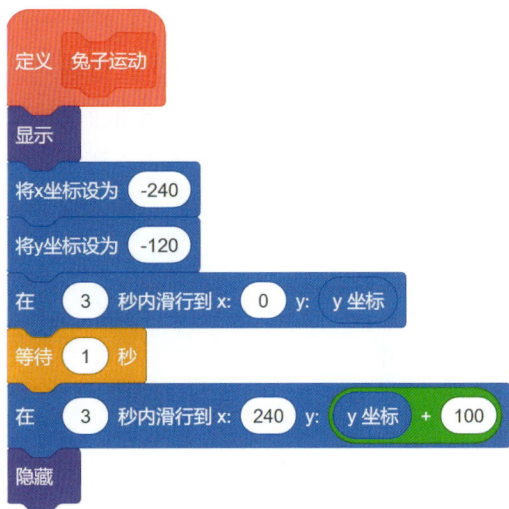

```
定义  兔子运动
显示
将x坐标设为 -240
将y坐标设为 -120
在  3  秒内滑行到 x: 0  y: y 坐标
等待  1  秒
在  3  秒内滑行到 x: 240  y: y 坐标 + 100
隐藏
```

Step8 为小兔子的运动添加一个触发事件，并让小兔子重复出现。当舞台背景更换为【动物园5】的时候，小兔子出现。它从舞台的左边移到中间，停顿一下，再移到右边，3 秒之后，再次出现。【兔子运动】总共重复执行 5 次。

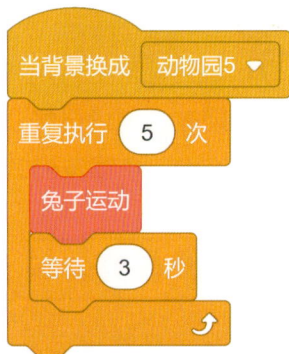

```
当背景换成  动物园5 ▼
重复执行  5  次
    兔子运动
    等待  3  秒
```

Step9 小朋友们注意到了吗？代码的触发条件是舞台的背景更换成【动物园5】，为了方便调试，我们可以从【代码】/【外观】中将【换成……背景】积木拖到编程区，将其中的参数设置为【动物园5】，然后单击绿旗 🚩，开始运行代码。

```
换成  动物园5 ▼  背景
```

　　程序运行过程中，单击【换成动物园 5 背景】积木，舞台就直接变成了【动物园 5】背景，跳过了小猴子与狐狸、斑马、长颈鹿对话的场景，直接触发了兔子运动的代码。小朋友们可以直接调试任务 7 到后面任务 10 的代码，很方便。

给小朋友的话

　　运动类积木【移动 10 步】【将 x 坐标增加 10】【将 y 坐标增加 10】等，是让角色在指定的方向上移动一段距离，距离大小固定，但是具体移动到哪一点不需要明确指定；而【移到 x：……y：……】或者【在 1 秒内滑行到 x：……y：……】积木，是让角色从目前的位置移动到指定的位置，具体移动距离不需要指定，但目标位置非常明确。小朋友们在让角色运动时要分析清楚哪种移动方式更合适。

任务 6：让小兔子改变造型

　　现在，我们已经让小兔子运动起来了，但是，小兔子在移动过程中，一直都保持着同一个造型，小朋友们，能不能让小兔子一边移动，一边变换成跑动的造型呢？

任务公布

　　让小兔子一边跑，一边跳，偶尔停下来坐下休息。

　　如果小朋友顺利完成了任务，请直接阅读下一节的任务 7。

　　如果小朋友暂时不知道怎么办，可以回头看看前面"自由翱翔的犀鸟"一节，然后再试一次，或者跟随下面操作。

跟我学

Step1 在角色列表中单击小兔子角色，使它处于高亮状态，打开【代码】/【造型】模块，可以看到，小兔子有 3 个造型。其中，a 造型为静止状态，而 b 造型和 c 造型都为跑动状态，如果我们让小兔子一边移动，一边在 b 造型和 c 造型之间变化，就可以制造出跑动的效果了。

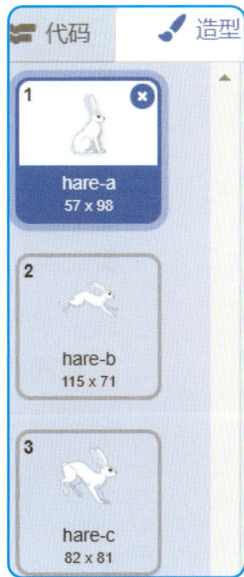

Step2 在【代码】/【外观】中将【换成……造型】积木拖到编程区，将其中的参数设置为【hare-b】，再从【代码】/【控制】中选择【等待 1 秒】积木拖到编程区，将其中的等待时间设置为 0.2 秒。然后将这两个积木都复制一份，将其中的参数分别改为"hare-c"和"0.1"。单击第一个积木，小兔子先变成 b 造型，之后又变成 c 造型。

Step3 为方便调用，我们把这组变换造型的代码封装成一个自制积木。使用任务 5 中的方法，将这段代码封装成自制积木【兔子跑造型】。

给小朋友的话

　　将一系列重复使用率比较高的代码封装成自制积木，不但可以很方便地重复调用，还使代码结构清晰，可读性强，容易维护。

任务 7：改变小兔子的大小

现在，我们设置一下小兔子的大小变化方式吧，让小兔子距离我们越远，个子变得越小。

任务公布

当小兔子一开始在舞台的左下角出现时，大小为原始大小的 80%，当它水平跑向舞台中间时，大小保持不变，仍然为 80%，当它从舞台中间向右侧远处跑去时，个子逐渐变小。

如果小朋友顺利完成了任务，请直接阅读任务 8。

如果小朋友暂时不知道怎么办，可以回头看看前面"五彩缤纷的气球"一节，然后再试一次，或者跟随下面操作。

跟我学

Step1 在角色列表中单击小兔子角色，使兔子角色处于高亮状态。单击窗口左上角的【代码】/【外观】类别，拖动【将大小设为 100】积木到编程区，并将其中的参数改为 80。单击积木，小兔子的大小变为原始大小的 80%。

将大小设为 80

Step2 在【代码】/【控制】中选取【重复执行直到……】积木并拖到编程区，然后从【代码】/【运算】中选取"等式判断"积木【=】，放入【重复执行直到……】积木中。再从【代码】/【运动】中选取【x 坐标】积木，放入"等式判断"的【=】左边，"等式判断"的【=】右边设置为 0。

Step3 将自制积木【兔子跑造型】放入【重复执行直到……】积木中，然后将此积木组合放在【将大小设为 80】积木下面。单击积木，兔子将保持大小为原始大小的 80%，并一直执行【兔子跑造型】代码，也就是一直维持在跑动造型，直到兔子的横向坐标为 0，也就是到达舞台中间时才停止。

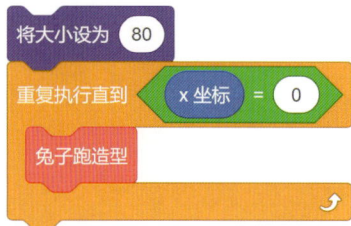

Step4 复制 Step3 中的【重复执行直到……】
积木组合，从【代码】/【运算】中选
取"大于判断"积木【 > 】拖到编程区，
将原来的"等式判断"替换掉，并将其
中的参数分别设置为【x 坐标】和 239。

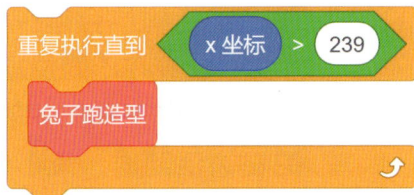

> 重复执行直到 x 坐标 > 239
> 兔子跑造型

💡 这段代码的作用是，在小兔子的 x 坐标大于 0 而小于或者等于 239 之前（也就是到
达舞台中间到右侧边缘之前），小兔子将一直执行【兔子跑造型】代码，也就是一直维持在
跑动的造型，直到小兔子的 x 坐标为 240 时（也就是达到最右侧时）才停止。

Step5 单击窗口左上角的【代码】/【外观】类
别，拖动【将大小增加 10】积木到编程
区，并将其中的参数 10 改为 −3，放入
【重复执行直到……】积木中。单击积
木，小兔子将一直维持在跑动造型，并
且逐渐变小，直到兔子的 x 坐标为 240
时才停止。

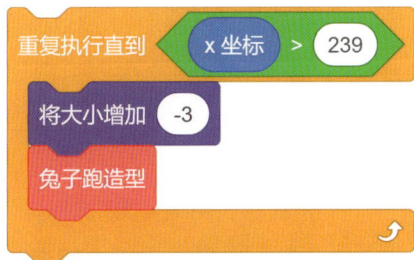

> 重复执行直到 x 坐标 > 239
> 将大小增加 -3
> 兔子跑造型

Step6 将两段代码结合起来。这段代码设置了小兔子出现在不同位置时，大小的变化规律。当小兔子从左下角出现，并且在舞台的左边活动时，大小保持为原始大小的 80%；当小兔子在舞台右侧活动，小兔子的大小将逐渐变小。

```
将大小设为 80
重复执行直到  x 坐标 = 0
    兔子跑造型

重复执行直到  x 坐标 > 239
    将大小增加 -3
    兔子跑造型
```

给小朋友的话

这里每次将大小增加 -3，就是每次的减小幅度为小兔子原始大小的 3%。比如，当小兔子的大小是原始大小的 80% 时，重复执行【将大小增加 -3】，小兔子的大小依次为原始大小的 77%、74%、71%……数字越大，变化速度越快，变大也是同样的道理。

任务 8：让小兔子运动时改变造型

接下来的任务比较复杂，需要用到任务 5、任务 6 中的自制积木和任务 7 中的代码。在任务 5 中，我们让小兔子从草地左下角移动到中间，停止 1 秒后，继续移动到草地右侧。在任务 6 中，我们让小兔子一直维持在跑动造型。在任务 7 中，我们设置并改变小兔子的大小。现在我们要把这 3 个任务结合起来。

任务公布

当舞台背景更换为【动物园 5】后，小猴子来到舞台中间，同时小兔子跑到草地中间，换成静止造型，然后继续跑到草地右边，渐行渐远。

如果小朋友顺利完成了任务，那么恭喜，所有任务都完成了，你已经通关了！

如果小朋友暂时不知道怎么办，可以跟随下面操作。

跟我学

Step1　首先增加小兔子的静止造型，在角色列表中单击小兔子角色，使小兔子角色处于高亮状态，在【代码】/【外观】中选取【换成……造型】积木并拖到编程区，将其中的参数设置为【hare-a】。单击积木，小兔子以静止造型出现在舞台中。

换成 hare-a ▼ 造型

Step2 将【换成 hare-a 造型】积木放入任务 7 中完成的积木中，放在两个【重复执行直到……】积木组合之间，并添加【等待 1 秒】积木，在代码的最后也添加【等待 3 秒】积木。添加代码的作用是，当兔子跑到草地中间时，将变换成静止造型，并停顿 1 秒。

Step3 为兔子的造型变换添加一个触发事件。当舞台的背景更换为【动物园 5】的时候，将这段兔子变换造型的代码重复执行 5 次。

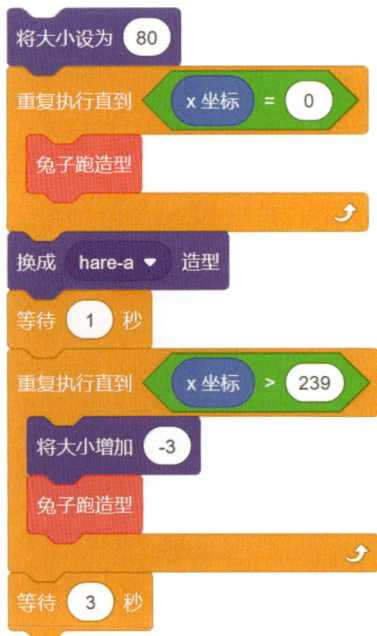

Step4　在任务 5 中，我们已经完成了自制积木【兔子运动】，并且为小兔子的运动添加了一个触发事件。当舞台背景更换为【动物园 5】的时候，小兔子将开始运动，变换造型的代码也同步被触发。

　　单击绿旗 🚩，程序运行，小猴子出现在舞台中，当舞台的背景更换为【动物园 5】时，小猴子来到草地中间，而小兔子出现在草地的左边，大小为原始大小的 80%，然后小兔子开

始向右跑动，当它跑到草地的中间时，变成静止造型，休息 1 秒后，小兔子继续向右上方跑去，3 秒之后，小兔子再次出现，这个动作总共重复 5 次。至此，我们的任务 8 就完成了。

🐦 给小朋友的话

　　这里用到的【重复执行直到……】积木是一个条件判断循环语句，积木中的六边形框中需要填入判决条件。判决条件可以是一个数字运算式，逻辑运算式，还可以是侦测条件，比如：是否按下某按键，是否触碰某角色等。如果判决条件不成立，就需要将积木中包含的代码重复执行下去，直到满足了判决条件后，才跳出此【重复执行直到……】积木，顺序执行积木外面的下一条代码。

🐒 小结

　　小朋友们，本章总共设置了 8 个小任务。在这 8 个小任务中，我们用到了前 3 章学习的知识，比如：添加角色、更换背景、角色运动、增加特效、录制和播放声音、改变造型、使用方向键、变大变小等，也学习到了一些新的知识，比如角色的叠加、为角色配音、条件判断语句、自制积木等。希望小朋友们在今后的练习中，能够更加熟练地运用积木，提高编写代码的能力，实现预想的目标。

在画布上绘制新角色

前面的章节介绍了使用系统自带角色进行编程的方法，如果小朋友想发挥自己的奇思妙想创作一些系统里没有的角色，怎么办呢？这就要用到Scratch中的画布功能了。

本附录就演示了一个跳绳小孩的绘制过程，小朋友们可以从这个过程中学习到画布上各个绘图工具的用法。

先睹为快

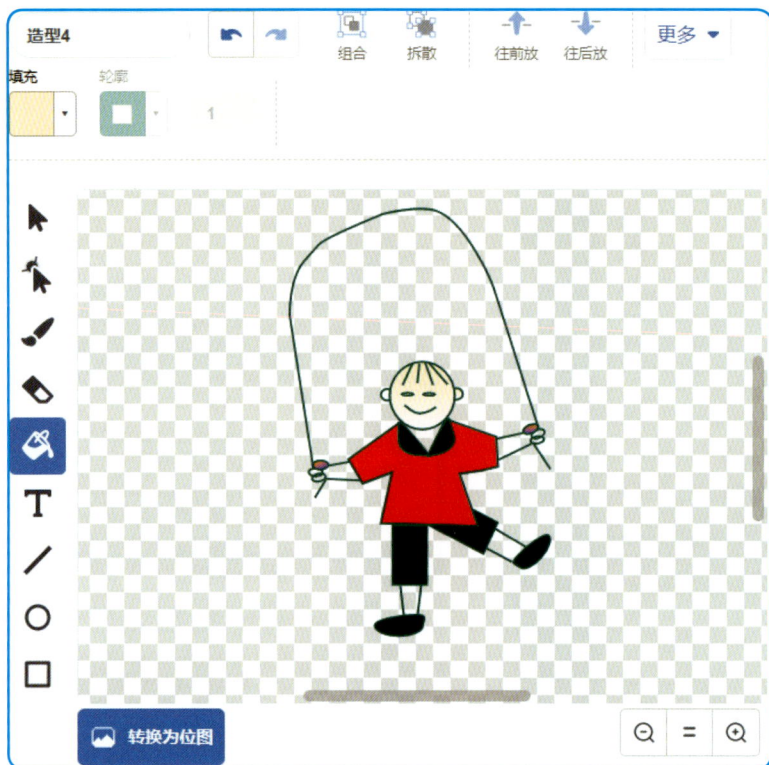

1. 认识画布

Step1 打开画布。用鼠标指向角色区右下角的猫头形状按钮 🐱 ，会弹出 4 个图标，用鼠标指针指向画笔形状按钮 🖌️ ，会弹出 绘制 绿色菜单，单击 🖌️ 按钮，将打开一张画布。画布周围有很多实用工具，我们可以利用这些工具在画布上设计出各种角色。

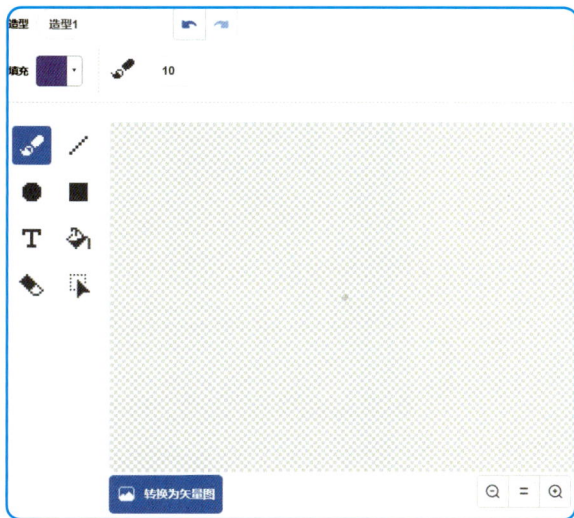

Step2 转换为矢量图。画布的左下角有一个【转换为矢量图】按钮 🖼转换为矢量图，单击该按钮，画布就进入矢量图绘图模式。

💡 画布的左侧是工具栏，排列了 9 个绘画时需要用到的按钮，学习绘画之前首先要了解各个按钮的功能。

- ➤【选择】按钮，用于选定某个图形或线段。
- ➤【变形】按钮，与选择按钮配合使用。可以对选定的图形或者线段进行拉伸或变形。

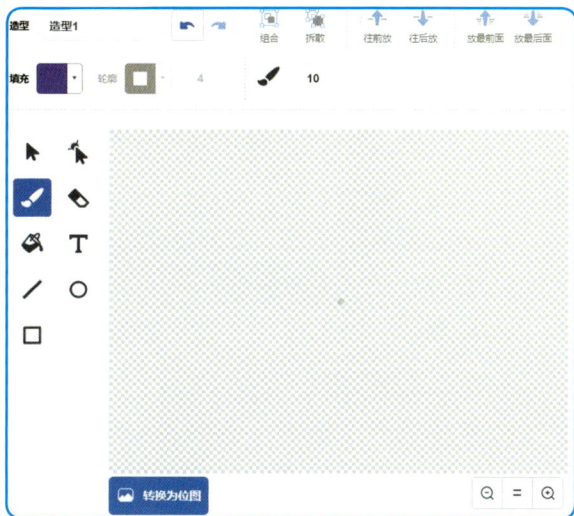

比如，我们先单击【圆形】按钮 ○，画一个椭圆。此时的椭圆处于被选定状态。

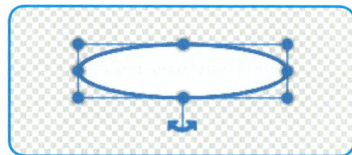

单击【变形】按钮 ，此时椭圆的边上有几个空心的小圆，就说明椭圆可以被调整变形了。

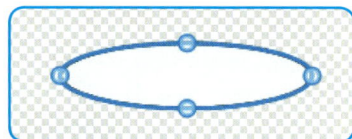

用鼠标选中椭圆边上任意一个小圆，向任意方向拖动，就可以改变椭圆的造型。

将椭圆变形到满意的形状后，单击画布上空白处，取消变形状态，画布上就留下了变形后的最终形态。用这种方法可以很方便地画出由弧形和直线组成的任意形状的图形。

- 【画笔】按钮，选中此按钮后，可以用鼠标在画布上画出任意图形。
- 【橡皮擦】按钮，选中此按钮后，可以擦除画布上不需要的部分。
- 【填充】按钮，选中此按钮后，可以对画布上的某个闭合区域填充颜色。所需要的颜色可以从画布左上角的【填充】菜单内寻找。单击【填充】按钮旁边的小三角图标，会弹出一个颜色选择窗

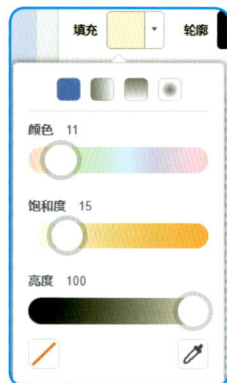

　　口。将【颜色】【饱和度】【亮度】3 个选项中分别设置为不同的数值，就能组合出不同的颜色，也可以拖动这 3 个选项上的圆圈进行调节。

- Ｔ【文本】按钮，选中此按钮后，可以在画布上输入文字。

- ／【线段】按钮，选中此按钮后，可以在画布上画出笔直的线条。

- ○【圆形】按钮，选中此按钮后，可以在画布上画出圆形或椭圆形。在画布上用鼠标指针选定一个点，向右和下拖动鼠标，拖动的距离就是圆形或椭圆形的左右和上下长度，这样圆形或椭圆的形状和大小也就确定了。

- □【矩形】按钮，选中此按钮后，可以在画布上画出方形。在画布上用鼠标指针选定一个点，向右和下拖动鼠标，拖动的距离就是矩形的长和宽，矩形的形状和大小也就确定了。

2. 绘制角色

　　下面以一个跳绳的小孩为例，展示在画布上绘制角色的过程。在此过程中，小朋友可以了解以上各种工具的用法，熟练掌握后，就可以自由发挥，创作出更精美的角色来。

Step1　首先选择绘画的颜色和线条的粗细。选择填充色为白色，将【颜色】【饱和度】都设置为 0，【亮度】设置为 100，即为白色。然后单击绘图工具【线段】按钮／，并设置【轮廓】颜色，通过拉动【颜色】的滑动条选取颜色，同样调

节【饱和度】和【亮度】。亮度越大，颜色越浅，饱和度越大，颜色越艳丽。在轮廓后面的文本框中键入 1，设置轮廓线的粗细为 1 个像素。

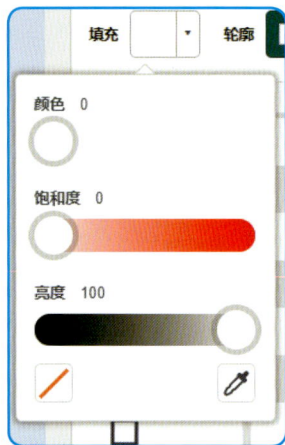

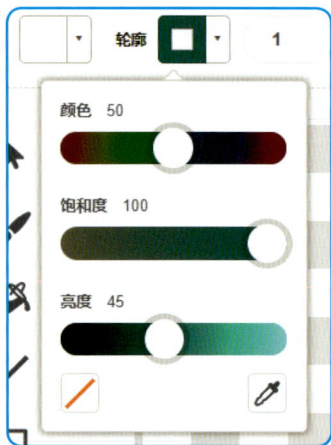

Step2 选好线段的颜色和粗细后，就可以开始作画了。首先画一个圆脸。单击【圆形】按钮○，在画布上画一个正圆。

Step3 画两只眼睛。仍然单击【圆形】按钮○，在圆脸内部选定左眼角的位置，按下鼠标后，向右水平拉伸，就可以画出一个扁平的小椭圆，用同样的方法再画一个，两只眼睛就画好了。

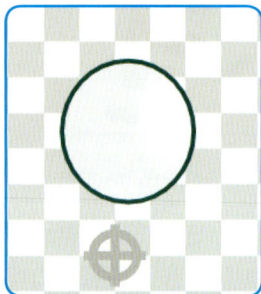

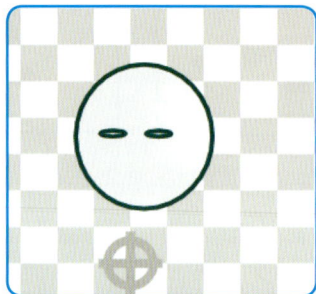

Step4　画嘴巴。可以单击【画笔】按钮✎后，直接在圆脸内画一个弧形，也可以单击【线段】按钮╱，先画一条直线，再单击【选择】按钮▶，选定这条直线，然后单击【变形】按钮🏃，将这条直线拉成弧形。

Step5　画头发。单击【线段】按钮╱，从头顶上画几条直线。

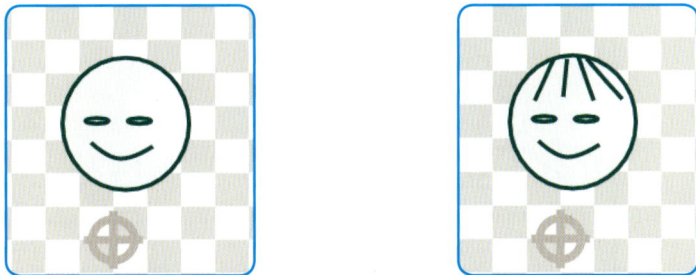

Step6　画耳朵。单击【圆形】按钮○，在圆脸的两侧画两个小圆，小圆与圆脸重叠的部分可以使用【橡皮擦】工具✎擦除掉，也可以使用画布上方的【放最后面】按钮⬇ 放最后面，将耳朵重叠的部分隐藏。

Step7　画衣领。单击【圆形】按钮○，在圆脸的左下侧先画一个圆形，再单击【选择】按钮▶，选定这个圆形，然后单击【变形】按钮🏃，将这个圆形的一条圆弧拉成一条直线，这样就画好了一个直线与圆弧的组合图形，用同样的方法在圆脸的右下侧也画一个对称的图形，衣领就画好了。

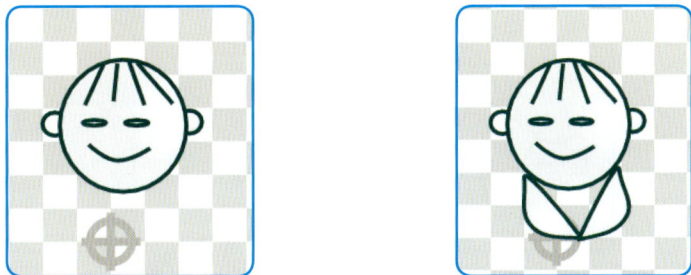

Step8 画上衣，单击【圆形】按钮 ○，在衣领的下侧，先画一个圆形，再单击【选择】按钮 ▶，选定这个圆形，然后单击【变形】按钮 ↖，将这个圆形拉成一个多边形。也可直接用线段组合出上衣的形状。

Step9 画手臂。单击【线段】按钮 ╱，从上衣袖口处各画两条线段。

Step10 画手指。单击【圆形】按钮 ○，在两只手臂上各画三个小椭圆，手指就画好了。

Step11 画裤子。单击【矩形】按钮 □，在上衣的下面画两个长方形，右侧长方形与上衣重叠的部分可以使用【橡皮擦】工具 ◆ 擦除掉，也可以使用画布上方的【放最后面】按钮 ⬇ 放最后面，将裤子的重叠部分隐藏。

Step12 画小腿。单击【线段】按钮╱，从裤腿处各画两条线段。

Step13 画鞋子。单击【圆形】按钮○，在右腿下侧先画一个椭圆形，再单击【选择】按钮➤，选定这个椭圆，然后单击【变形】按钮➤，将这个椭圆的一条圆弧拉成一条直线，这样就画好了直线与圆弧组合的图形，用同样的方法在左腿下侧也画一个对称的图形，这样，鞋子就画好了。

Step14 画跳绳。可以单击【画笔】按钮✎后，直接在两手之间和头顶上画一个弧形，也可以单击【线段】按钮╱，先画一条直线，再单击【选择】按钮➤，选定这条直线，然后单击【变形】按钮➤，将这条直线拉成一条曲线。

3. 给角色上色

Step1 给脸部上色。在画布上部的【填充】选择框中选择好合适的肉色后，单击画布左侧的【填充】按钮◈，此时画布处于填充颜色状态。用鼠标在圆脸和耳朵上分别单击一下，圆脸和耳朵就变成肉色了。

Step2 给衣领、裤子和鞋子上色。在【填充】选择框中选择好黑色后，用鼠标在衣领、裤子和鞋子上单击一下，衣领、裤子和鞋子就都变成黑色了。

Step3 用同样的方法给上衣和手指上色。在【填充】选择框中分别选择红色和橙色后，用鼠标在上衣和手指上单击一下，上衣和手指就变成红色和橙色了。

4. 绘制其他造型

　　我们创作的角色的第一个造型已经绘制完成了，退出画布后，角色自动出现在角色列表和舞台中央。

　　现在我们给角色增加几个造型，只要在原有的造型上做一些小改动就可以了。

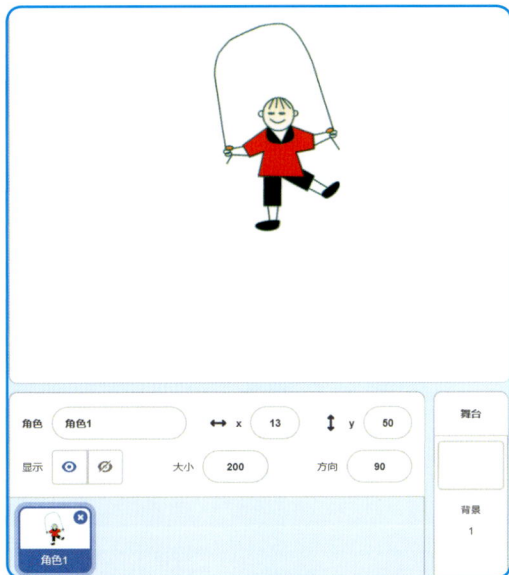

Step1 单击【造型】模块，可以看到刚刚绘制完成的角色造型 1 已经出现在造型列表中。用鼠标右键单击【造型 1】，将会弹出一个【复制】的选项，单击【复制】，造型列表中将会出现【造型 2】，与【造型 1】完全一样。

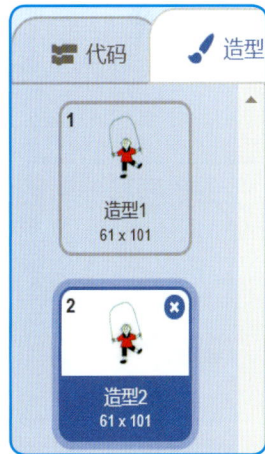

Step2 单击【造型 2】，造型 2 中的小人将会出现在
画布中，我们做一些小改动，用画笔工具把舞
到空中的跳绳改为垂到地上，把原来抬起的脚
放下来，并将整体向下移动一段距离，形成一
个从跳起到落地站立的姿势。

Step3 用同样的方法绘制造型 3 和造型 4，造型 3 是跳绳舞到空中，而另一只脚抬
起。造型 4 可以直接从造型 2 复制，最后画好的 4 个造型都出现在造型列表中。
造型 1 到造型 4 在舞台上按顺序展示如图所示，可以看到 4 个造型之间的纵
坐标（竖直方向位置）的差别。

5. 让角色动起来

　　跳绳的小人有了 4 个造型后，就可以给他编写一段改变造型的代码，让他每隔 0.3 秒变换一个造型，程序如右图所示。单击绿旗 ⚑，我们绘制的小人在舞台上动起来了，绳子一上一下，左右脚轮流抬起，一口气跳了 100 下呢，小朋友们快来试试吧！

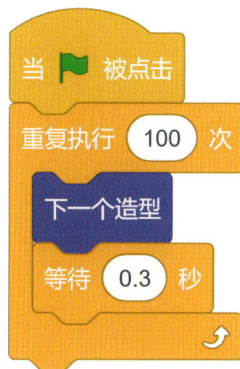

当 ⚑ 被点击
重复执行 100 次
　下一个造型
　等待 0.3 秒